내 몸 안의 거울,
DNA 이야기

저자의 말

‘유전자’라고 하면 머릿속에 이중 나선형 구조가 가장 먼저 떠오른다. 유전자는 태어날 때부터 몸속 어딘가에 자리 잡아 불가항력적으로 전해진다고 생각하기 쉽지만, 사실 유전자는 주변환경과 상호관계를 맺으며 우리 삶 전반에 지속적인 영향을 미친다.

수면 패턴, 탈모, 비만과 같이 일상적인 부분부터 암, 치매, 수명 등 삶의 질을 좌우하는 부분까지 모두 유전자의 영향을 받는다. 특히 21세기에 들어 ‘생명공학’이 주도하는 시대가 되면서 빠르게 발전한 유전학은 우리 삶과 인류의 운명을 크게 바꾸고 있다. 생명공학의 발전에 따라 유전체와 유전자 조작 등 유전학적 개념이 우리의 삶과 미래에 미치는 영향을 깊이 이해하고 활용할 필요가 있다.

6장에 걸쳐 최근 유전자 연구에서 새롭게 밝혀진 내용을 중심으로 흥미로운 유전 현상들을 담았다. 단순한 과학 이론 학습에서 벗어나 우리가 왜 유전자와 DNA를 알아야 하는지 그리고 유전자가 우리의 삶과 사회에 어떤 영향을 미치는지 알아보는 시간이 될 것이다.

생명공학은 19세기 멘델의 유전법칙부터 시작해 21세기 '크리스퍼 유전자 가위'의 개발까지 짧은 시간에 엄청나게 발전했다. 2003년에는 생물학 역사에 기념비적인 업적인 '인간게놈 프로젝트'가 완료되어 인간 DNA 지도를 완성할 수 있게 되었다. 전 세계를 뒤흔든 코로나19 팬데믹 상황에서도 유전학자들의 연구와 기술 개발은 빛을 발했다. 코로나바이러스 유전자를 분석하고, 그에 맞춰 빠르게 생산 가능한 mRNA 백신을 개발하면서 인류를 구할 수 있었다. 이렇게 우리 일상과는 관련 없어 보이던 생명공학은 어느새 사회 곳곳에서 우리의 삶을 바꾸고 있다.

앞으로 생명공학은 보건 의료 분야, 농업 식품 분야, 환경 에너지 분야에 이르기까지 다양한 학문과의 융합 · 응용을 거쳐 미래의 우리 삶에 더 광범위한 영향력을 끼칠 것이다. 이제는 단순히 유전자를 분석하는 것을 넘어 원하는 유전자만 자르고 붙이는 '유전자 편집 시대'가 막을 올렸다. 그 중심에 DNA 해독이 있다. DNA 해독은 유전자에서 찾은 놀라운 이야기를 밝혀내는 과정이 될 것이다.

'우리는 어디에서 왔는가, 우리는 누구인가, 우리는 어디로 가는가'. 프랑스 화가 고갱의 유명한 작품 이름이지만, 이것은 생명공학을 관통하는 말이기도 하다. 유전자를 알면 우리의 과거, 현재, 미래까지 모든 것을 알 수 있기 때문이다. 유전자 분석을 통해 생명의 기원을 확인하고, 내가 누구인지 파악하고, 더 나은 미래를 준비할 수 있다.

생명공학 분야의 연구개발은 우리 일상에서 실현되기까지 긴 시간이 걸린다. 이 책에 나오는 유전 지식과 연구들의 혜택을 당장 누릴 수는 없겠지만, 유전학이 인류를 위해 어떻게 발전하고 있는지 살펴 보는 것은 중요하다. 다가오는 미래를 대비하고 혁신적인 해결책을 모색하는 유전학을 알면, 세상을 이해하는 시야가 확장되고 현명한 선택을 할 수 있는 지혜를 얻을 수 있을 것이다.

필자는 연구소에서 40년 동안 돌연변이를 연구했고, 은퇴 후 과학관 전시해설과 학교 과학특강 봉사활동을 15년 넘게 해오고 있다. 전국에 큰 규모의 과학관들이 들어서고 많은 학생들이 과학관을 찾는 걸 보면서 예전과 달리 과학기술에 대한 대중의 관심이 높아졌다는 것을 실감한다. 하지만 현대 과학의 비약적 발전에 비해 대중의 과학기술에 대한 이해도는 아쉬운 게 사실이다. 하루가 다르게 발전하는 생명공학이 의학, 농학 등 여러 학문과 결합해 새로운 지평을 열고 있음을 대중들에게 쉽고 재미있게 전하고 싶어 이 책을 집필하게 되었다.

50년 이상 유전학을 연구해왔지만, 이 책을 집필하는 동안 새롭게 알게 된 연구 결과가 많았다. 유전공학의 발전을 밑거름으로 펼쳐질 생명공학의 미래는 우리 삶의 다방면을 바꿀 엄청난 가능성을 지니고 있다. 이번 책 집필을 계기로 그 가능성을 다시 한번 확인할 수 있어 큰 기쁨과 보람을 느낀다.

이 책의 원고를 상세히 검토해 준 국립과천과학관 정원영 박사님과 툴젠 한지학 박사님, 과학관과문화 권기균 박사님, 최미정 수석연구원님, 중앙일보 과학부 신종오 기자님 그리고 과우회 김경원 님, 양희 님, 농우바이오 이새별 님에게 진심으로 감사를 표한다. 또한 이 책의 출간을 도와주신 출판사 관계자분들에게도 감사 인사를 전한다.

저자 이영일

추천사

저자는 국가출연연구소에서 다년간 유전적 다양성과 돌연변이 연구를 통해 얻은 전문 지식을 바탕으로 〈내 몸 안의 거울, DNA 이야기〉를 집필했다. 생명과학의 시대인 21세기에 이 책은 다가올 미래를 대비하고 현명한 선택을 하는 데 큰 역할을 할 것이다.

특히 유전자(DNA)의 기본 지식을 체계적으로 설명하고, 우리 생활과 관련 있는 유전자의 역할 등을 상세히 기술했다. 평소 접하기 힘든 최근 유전자 연구 내용과 새롭게 밝혀진 중요 유전 현상들 그리고 빠르게 발전하는 혁신적인 유전자공학 기술 등을 상세히 기술해 읽는 것만으로도 유용하다.

이 책은 6장에 걸쳐 유전자 연구의 시작과 현재 그리고 미래를 체계적으로 설명한다. 그중 수명 유전자와 수명연장에 관한 연구, 줄기세포를 활용한 동물 복제의 성공 사례, 각종 난치병의 유전자 치료, 21세기 지구촌 식량 해결을 위한 GM 생물의 개발 등 흥미로운 연구 사례들이 수록되어 있어 재미있게 읽을 수 있다.

21세기는 유전자 합성에 의한 인공생명체까지 등장하고 있는 생명과학 전성기라고 할 수 있다. 미지의 유전자 정체가 속속 밝혀지고 DNA를 활용한 삶의 질을 높이려는 연구가 활발하게 진행되고 있는 요즘, 이 분야 연구 결과를 상세히 기술한 이 책이 더욱 반갑다. 관심 있는 독자에게 필독서로 추천한다.

서용원 고려대학교 생명과학대학 교수, 전 한국육종학회장

생명공학의 발달이 세상을 빠른 속도로 변화시키고 있다. 지난 수십 년 전에 비해 지금은 삶이 질적으로 높아졌으며, 식량을 위한 가축과 작물의 생산량도 확대되어 향후 20~30년 내 인류 평균 수명은 100세를 넘을 것으로 기대된다. 생명공학이 어떻게 인류의 현재, 미래를 바람직한 길로 인도하고 있을까?

그 중심에는 DNA가 있다. 일반인들은 DNA, 유전공학, 유전자 치료 등 생명공학 이야기를 여러 매체를 통해 접하지만, 여전히 거리가 있다. 하지만 저자는 〈내 몸 안의 거울, DNA 이야기〉에서 일반인도 쉽게 이해할 수 있도록 흥미로운 유전자 이야기를 쉽게 풀어썼다. 이 책은 DNA와 돌연변이에 대한 기본 지식부터 기후 위기, 식량 고갈, 에너지 자원 부족 등 인류가 처한 위기를 해결할 최신 유전 기술까지를 상세히 설명한다. 그뿐만 아니라 인류 수명 예측, 유전자 변이와 복제, 난치병 정복 등 우리가 평소 궁금해했던 유전자 이야기도 수록해 궁금증을 풀어준다. 이 책을 읽으면서 DNA의 역할과 그 활용 가능성에 대한 이해를 높임과 동시에 우리가 현재 마주한 문제들의 새로운 해결책을 찾을 수 있을 것이다.

이 책에서 저자가 설명한 유전자 이야기들은 과학적이고 미래지향적인 동시에 사회적으로 중요하게 논의되어야 할 윤리적인 주제들이다. 중·고등학생을 포함한 일반인들이 읽기에도 탁월한 유전자 교양 도서로 적극 추천한다.

한지학 (주)툴젠 본부장, 전 한국식물생명공학회장, 전 한국원예학회장

2013년 컨설팅 회사 맥킨지는 우리의 삶을 뒤흔들 12가지 혁신적인 기술을 소개했다. 생명공학 분야에서는 '차세대 유전체 분석기술'이 혁신 기술로 선정되었다. 21세기는 생명공학의 시대라는 말처럼 앞으로 생명공학의 중요성은 더욱 커질 것이다.

〈내 몸 안의 거울, DNA 이야기〉에서는 21세기 가장 중요한 기술인 생명공학의 발전과 최신 연구 결과를 소개한다. 유전학의 시초인 멘델의 법칙부터 인간 게놈지도의 완성과 크리스퍼 유전자 가위의 발명까지 기념비적인 사건들이 빠짐없이 수록되어 있다. 이 책을 읽으면 비약적으로 발전한 유전학의 역사를 한눈에 파악할 수 있어 유익하다.

과거 인간 게놈 프로젝트에는 13년 동안 3조 원이 넘는 막대한 예산이 소요되었지만, 지금은 1,000달러로 자기 게놈을 분석할 수 있는 시대가 되었다. 이를 가능하게 한 것이 앞에서 언급한 차세대 유전체 분석기술과 생명공학의 발전이다. 미래에는 유전체 정보를 값싸게 생산해 우리 삶의 다양한 영역에서 활용할 수 있을 것이다. 따라서 생명공학의 역사와 발전을 안다는 것은 미래를 준비하고 현명한 선택을 하는 데 필수조건이다.

이 책은 유전학의 단편이 파노라마처럼 펼쳐져 있어 누구나 쉽게 유전자를 이해할 수 있도록 도와준다. 생명공학에 관심 있는 사람들과 학생들에게 이 책의 즐독을 권한다.

안성민 가천의대 유전체의과학과 교수, 이뮤노포지(주) 공동대표

〈내 몸 안의 거울, DNA 이야기〉를 읽고 놀랍고 기뻤다. 이 책은 자칫 이해하기 어렵다고 생각하는 유전자와 첨단 생명공학 기술을 정말 쉽고 흥미롭게 풀어썼다.

기후 위기 시대 인류가 당면한 환경, 식량, 에너지, 보건 문제의 해법은 첨단 생명공학 기술에 달려 있다. 그런 점에서 이 책은 인간 생로병사의 이해뿐만 아니라 우리 사회가 당면한 여러 문제를 해결하는 대안을 제시하고 있어 도움이 된다. 특히 줄기세포의 잠재력, 난치병 정복 가능성, 유전자 변형 식물 개발에 대해 과학적으로 잘 소개되어 있다.

식물 돌연변이를 평생 연구한 전문가인 저자가 유전학의 기초부터 동·식물 육종 전반에 대해 최근의 흥미로운 사례를 소개하고 있어 학생, 일반인뿐만 아니라 관련 분야 전문가 모두에게 추천하고 싶다. 더불어 학문에 대한 열정으로 사회헌신을 몸소 실천하는 저자의 모습이 후학들에게 큰 귀감이 되며 존경심을 느낀다.

곽상수 한국생명공학연구원 책임연구원, 한국과학기술한림원 정회원,
제25대 한국식물생명공학회 회장

시작의 글

유전자가 우리의 삶을 바꾼다

쏟아져 나오는 과학책을 보면 인간의 욕망이 보인다. '나는 무엇으로부터 시작돼 어떻게 살다가 어디로 가는가, 나는 누구인가'를 알고 싶은 욕망은 우주와 유전자 그리고 뇌과학에 관한 관심으로 이어지고 있다. 학문의 발전은 양극으로 치달아 더 큰 우주로 향하는가 하면 반대로 눈에 보이지 않는 극미세 부분인 DNA로 향하기도 한다. 자연과학이 발전하면서 인류의 삶이 끊임없이 향상되고 있다는 걸 모르는 사람은 없다. 그러나 인류의 발전에 생명공학이 얼마나 관여했는지 정확히 아는 사람은 많지 않다.

이 책은 1865년 멘델의 유전법칙을 시작으로 2024년 현재까지 유전학에서 후성유전학으로 이어지는 생명공학이 얼마나 다양하게 발전해 왔는지 그 여정을 따라간다. 전 세계적으로 인정받은 과학 논문과 학자들의 견해를 바탕으로 내용을 전개했지만, 연구 결과나 내용들은 새로운 연구가 진행되면서 잘못된 것으로 드러나거나 다른 방향으로 발전될 가능성도 있다. 하지만 분명한 건 유전학은 시간이 지날수록 더 빨리, 더 다양한 방식으로 우리의 삶을 근본적으로 바꾸게 될 것이라는 점이다.

생명 진화의 산물, 돌연변이를 연구하다

유전자 하면 머릿속에서 가장 먼저 떠오르는 게 '돌연변이'다. 예전의 인식과 다르게 사람들은 돌연변이가 자연스러운 현상이며, 인간 역시 돌연변이의 산물임을 깨닫게 되었다. 돌연변이는 불멸의 자연현상이다. 38억 년 전 지구상에 생물이 탄생한 이후 26억 년 동안은 암수의 성별 없이 모든 생명체가 아메바 단세포 생물처럼 자기 몸을 나눠 분체를 만드는 형식으로 증식해왔다. 그러다가 12억 년 전 비로소 암수로 성이 나뉘었고, 자연스럽게 유전자 교환으로 변이의 폭이 넓어지면서 생물 다양성이 대폭 증가하게 되었다.

2022년 통계에 따르면 지구촌 인구는 약 80억 명으로, 단일종 중 인간처럼 개체수가 많은 동물은 지구상에 없다. 인간의 평균수명은 로마 시대 불과 25세였던 것에 비해 현재 69세로 대폭 늘어났는데 그 원인은 유전학적으로 명확히 밝혀지지 않았다. 자연에서 끊임없이 발생하는 자연돌연변이 역시 인간이 동물 중에는 으뜸이다. 이 책은 그간 계속해서 진화하고 변화해 온 돌연변이에 관한 이야기를 다룬다.

후성유전학의 시대가 열리다

생명의 모든 현상을 멘델의 유전법칙으로만 해석할 수는 없다. 게놈 유전체 해독을 통해 유전자의 정보를 파악하지만, 유전자 정보만으로 생명체에서 이루어진 모든 현상을 파악할 수 없기 때문이다. 유전자가 언제, 어디서, 얼마나 발현되어 세포와 조직에서 어떤 기능을 하는지를 아는 것이 더욱 중요하다. 그래서 눈부시게 성장한 분야가 바로 '후성유전학Epigenetics'이다.

후성유전학은 DNA 염기서열의 변화 없이 유전자 발현을 조절해 생명현상에 미치는 영향을 연구하는 학문이다. 쓸모없다고 여겼던 정크 DNA의 역할을 연구하는 게 바로 후성유전학이다. 기존 유전학에 후성유전학의 이해가 더해짐으로써 여러 생명현상과 질병에 대한 해답을 얻을 수 있을 것으로 기대된다.

건강하게 오래 살고 싶은 인간의 욕망을 건드리다

인간의 수명 연장과 질병 예방을 위한 연구가 끊임 없이 발전 중임을 '후성유전학'의 성장으로 다시 한번 확인하게 되었다. DNA 복구, RNA 수송 및 미세소관에 관여하는 수명 유전자는 다능성 네트워크에 의해 제어되며, 다능성 네트워크는 체세포를 재프로그래밍해 노화된 배아세포의 DNA를 젊게 만든다. 연구를 통해 수명 유전자 발현 증가와 수명 단축 유전자 발현 억제 방법이 제시되면, 노화 방지에 획기적인 열쇠가 될 것으로 기대된다.

줄기세포는 재생 의학과 개인 맞춤 의학의 새로운 시대를 열었다. 특히 최근 재생 의학은 줄기세포 약물 사용과 함께 질병 치료의 새로운 혁신을 이루었다.

유전자 검사를 통한 유전적 질환을 예방하는 것 역시 중요한 연구 주제가 되었다. 알츠하이머병AD을 유발하는 유전자가 추가로 밝혀지고 발병 연령에 영향을 미치는 원인을 알게 되면서, 노인성 치매 초기 진단과 예후 모니터링 분야에 활용할 수 있게 되었다. 고령화 시대 국민 건강과 복지 증진에 도움이 될 것이다.

질병 치료와 예방을 위해 DNA를 분석하는 시대

1900년대 초반 유전자 치료가 처음으로 시도된 이후 전 세계적으로 수많은 자금과 노동력이 동원되어 질병 치료를 위한 유전자 기술 개발이 연구되고 있다. 이러한 유전자 치료에는 환자의 세포에 새로운 질병을 치료하는 데 도움을 주는 유전자를 집어넣거나, 잘못 작동하고 있는 유전자를 없애고 돌연변이가 일어난 유전자를 정상 유전자로 바꾸는 방법 등이 있다. 과거에는 유전자 치료가 일부 희귀 유전질환에만 국한되었으나 최근에는 종양, 심혈관 질환, 후천성면역결핍증 등에도 다양하게 적용되고 있다.

유전자 검사, 유전자 치료 등이 학문으로만 존재하거나 특정 계층을 위한 기술로 머물지 않고 누구나 유전자 정보를 쉽게 이용할 수 있는 세상이 오고 있다. 머지않은 미래에는 더 많은 사람들이 유전자 검사를 통해 자기 DNA를 파악해 질병을 예방하고 치료할 수 있을 것으로 기대된다.

유전자 혁명으로 미래 먹거리를 준비하다

미래 식량 마련을 위한 '유전자 혁명' 역시 중요한 분야다. GMO 작물 가운데 이미 오래전부터 우리의 밥상에 오르고 있는 대표적인 식품은 콩, 옥수수, 감자 등이다. 예전의 유전자 변형 작물이 생산량을 늘리는 데 기술의 초점을 맞춰졌다면 최근에는 생체위해성과 환경위해성이 없는 작물을 만드는 데 더 힘쓰고 있다.

GMO 작물의 안전성 문제가 큰 화두인 만큼 앞으로 안전성을 갖춘 GM 작물은 작물은 계속 증가할 것으로 보인다. GM 식품의 안전 문제는 4가지 범주로 분류되는데 독성, 불리한 영양 변화, 알레르기성, 수평 유전자 전이다. 독성은 도입된 유전자에 독성이 있거나, 유전자공학 과정에서 자연 유전자 조절을 방해하고 천연 독소의 생산을 증가시킬 가능성을 뜻한다. FDA는 기존 또는 천연 식물 독소의 증가에 대한 스크리닝을 문제 해결 방법으로 제안한다. 스크리닝은 게놈 기술과 '대사체학 분석법Metabolomics'을 사용해 수행할 수 있다.

당신은 어떤 '유전자 스위치'를 켤 것인가

우리는 삶에 절대적인 영향을 미치는 두 가지 요소로 '유전'과 '환경'을 대척점에 두고 비교해 왔다. 상황이나 환경은 얼마든지 변화·극복이 가능하지만, 유전은 부모에게 물려받은 '업보'로 생각했다. 하지만 바뀔 수 없다고 생각했던 유전자는 환경의 불편한 요인을 극복하려는 모든 생명체의 노력을 통해 이미 변하고 있다. 타고난 유전자는 환경과 경험에 따라 그 형질이 달라지고 심지어 유전되어 후세의 삶을 바꿔놓는다.

유전체의 중요한 도구는 이른바 유전학적 스위치들이다. 이 스위치는 유전 형질의 한 부분에서 세포가 유전자 중 어떤 것을 사용할지를 결정하는 역할을 한다. 이 유전학적 스위치를 조절할 방법을 찾는 것이 앞으로의 연구과제이다. 이 책이 유전자에 관한 대중의 이해를 넓히는 데 조금이라도 도움이 되기를 바란다.

차례

2장

유전자 변이는 왜 생기는 걸까?

3장

새로운 유전자 혁명

4장

체세포 복제와 인간 수명 이야기

5장

난치병은 정복할 수 있을까?

6장

100억 인구의 지속 가능한 먹거리를 위해

제1장

신비한 수수께끼,
유전자의 정체를 밝히다

1
유전자는 어떻게 나를 만드는가

유전법칙을 발견하기까지

유전자를 밝혀내는 긴 여정은 아주 작은 것에서 출발했다. 한 톨의 완두콩, 눈에 잘 보이지도 않는 초파리 연구를 통해 인류의 진화 과정과 생명의 탄생을 다루는 생명공학이 시작되었다. 식물과 곤충 그리고 동물을 대상으로 한 광범위한 연구가 유전학의 바탕을 이뤘다. 다양한 모델 생물들의 활약 덕분에 오늘날 우리는 생명 유전체에 담긴 깊은 비밀을 밝혀내 이전의 어떤 세대보다도 인간에 대해 많이 알고 있다. 인류는 어떻게 지금의 유전공학 기술을 갖게 되었을까?

유전학에 관해 이야기하려면 '유전학의 아버지'라 불리는 멘델Gregor Mendel의 이름을 먼저 말할 수밖에 없다. 그가 유전법칙을 처음으로 발견해 1865년

‘멘델의 유전법칙’을 발표할 때만 해도 유전자라는 용어는 없었다. 멘델은 1856년부터 2만 9천여 개의 완두콩에 대한 형질 조사를 바탕으로 식물 교잡 실험을 논문으로 작성해 발표했다. 멘델의 실험은 완두콩의 모양을 기준으로 완전 둥근 완두콩과 주름진 콩을 서로 교배하는 잡종 실험이었다. 이 실험에서 멘델은 잡종 1세대에서는 대립 형질 중 한 가지 형질만 나타나는 것을 확인했다. 여러 번의 실험 끝에 이런 대립 형질이 결정될 때 서로 우열 관계가 있어 우성과 열성이 있다는 사실까지 밝히게 된다.

유전학의 아버지라 불리는 멘델, ‘멘델의 법칙’은 근대 유전학의 출발점이 되었다.

멘델의 유전법칙은 현대 유전학의 초석이 되는 법칙 중 하나로 평가받지만, 발표 당시에는 과학계에서 크게 인정받지 못했다. 이후에도 여러 과학자들이 멘델의 유전법칙을 재발견했지만, 유전에 관여하는 물질의 정체에 대해서는 알려진 게 없었다.

1903년 월터 서턴Walter Stanborough Sutton과 테오도어 보베리Theodor Boveri가

유전물질이 세포핵 속에 있는 염색체 위에 존재한다고 추정했다. 이때 염색체 Chromosome라는 용어가 생겨났다. 염색체는 그리스어로 색을 뜻하는 크로마 Chroma와 몸을 의미하는 소마Soma의 합성어로, 아닐린 같은 특정 염색약을 사용해서 현미경으로 관찰할 때만 구별할 수 있어서 이런 이름으로 불리게 되었다.

마침내 1906년이 되어서야 윌리엄 베이트슨William Bateson이 유전학 Genetics이라는 용어를 처음 사용했고, 3년 뒤 1909년 빌헬름 요한센Wilhelm Johannsen은 '유전자'라는 말을 처음 사용했다. 유전자는 멘델이 사용했던 유전인자의 20세기 버전이라 할 수 있다.

유전학 연구의 시초, 초파리

염색체 설을 확립한 것은 미국 컬럼비아 대학의 토머스 모건Thomas Hunt Morgan이었다. 모건은 1908년부터 초파리를 이용한 실험을 진행했다. 초파리는 알에서 성충까지 자라는 데에 약 10일 정도밖에 안 걸리고 자손도 많아 비교적 짧은 시간 안에 후속 세대의 결과를 볼 수 있다. 염색체의 수가 네 쌍으로 적어 관찰과 분석이 쉽다는 것도 장점이다. 이러한 특징 때문에 초파리는 많은 유전학자의 연구 대상이었다. 초파리 덕분에 받은 노벨생리의학상의 횟수는 무려 6회로 총 10명의 수상자가 있었다는 사실만 봐도 초파리가 유전학 연구에 얼마나 큰 역할을 했는지 알 수 있다.

모건이 처음부터 멘델의 유전법칙을 믿은 것은 아니다. 붉은 눈을 가진 노랑초파리(가장 흔히 볼 수 있는 초파리)의 교배를 여러 세대 계속하며 관찰했지만 별다른 특이사항을 발견할 수 없었다. 그러다가 70세대에 접어들면서 흰 눈을 가진 초파리 한 마리가 태어났다. 모건은 몸이 허약했던 흰 눈의 초파리를 '화이트white'라 부르며 정성을 다해 키워 다양한 교배 실험을 계속했다. 그 결과 모건은 멘델의 법칙을 확인할 수 있었다.

멘델의 법칙이 새롭게 업데이트된 부분도 있다. 모건은 초파리 눈의 색깔에 관여하는 유전자가 초파리의 X염색체 위에 존재하리라는 가설을 세웠고, 후속 실험을 통해 모건은 자신의 가설이 사실임을 확인했다. 또한 X염색체 위에 다른 유전자들도 구슬이 실에 꿰여 있듯이 줄지어 있음을 밝혀냈다. 그렇다면 동일 염색체 위의 유전자들은 서로 연관되어 자손에게 물려질 것이다. 이 점은 멘델의 결과와 다른 부분이었다. 즉 모건이 발견한 한 염색체에 여러 유전자가 진주 목걸이처럼 주렁주렁 꿰여 있다는 사실은 정말로 유전자가 염색체 위에 존재한다는 염색체 설을 확인한 셈이다. 모건은 이 공로로 1933년 노벨생리의학상을 수상했다.

유전물질의 실체를 밝히기까지 40년

염색체 위에 여러 유전자가 배열돼 있다는 사실이 확인되자 각 염색체에 어떤 유전자가 어떤 순서로 배열돼 있는지 알아내는 연구가 시작되었다. 모건의 연구진 중 한 명이었던 앨프리드 스터티번트Alfred Sturtevant가 1913년 최초로 초파리 X염색체의 유전자지도를 작성했다. 역시 모건의 연구실에서 돌연변이를 연구했던 허먼 멀러Hermann Muller는 훗날 X선을 이용해 초파리 돌연변이를 처음 만들어 냈다. 이 공로로 멀러는 1946년 노벨상을 수상했다. 이렇게 엄청난 성과들을 냈으니 모건의 연구실이 유전학의 중심지로 발돋움한 것은 당연했다.

모건이 염색체설을 확립한 이후로 유전물질의 실체가 밝혀지기까지 약 40년 정도의 시간이 필요했다. 1928년의 영국 세균학자 프레더릭 그리피스Frederick Griffith가 폐렴구균에서 형질전환 현상을 발견한 게 유전학 연구에 중요한 분기점이 되었다. 그리피스의 연구를 바탕으로 유전물질의 정체에 다가가는 결정적인 한 발을 내딛 사람은 미국의 오즈월드 에이버리Oswald T. Avery였다. 에이버리는 그리피스의 실험을 더욱 정교하게 재현해 폐렴구균의 형질전환 물질의 정체에 관한 결정적인 힌트를 얻었다. 1944년 〈실험의학〉 저널에 처음 소개된 그 정체는 바로 에이버리가 분자 중 '약자Underdog'로 불렸던 데옥시리보 핵산 즉, DNA였다. 마침내 DNA가 생명체의 유전 정보를 저장 · 전달하고, 생물학적 프로세스와 진화에 핵심적인 역할을 하는 가장 중요한 분자인 것을 알게 되었다.

DNA의 비밀을 밝히다

100여 년 전에 이미 DNA의 중요성이 밝혀졌지만, DNA에 대한 연구는 여전히 진행 중이다. 지금, 이 순간에도 전 세계 수많은 과학자에 의해 DNA의 또 다른 비밀이 밝혀지고 있다. 우리는 왜 이토록 DNA에 집착하는 것일까? DNA는 어떤 능력을 가지고 있는 걸까?

DNA는 모든 걸 알고 있다

부모와 자식 간의 세대를 이어주는 것이 유전자의 가장 중요한 역할이다. 생명체는 오랜 세월 동안 유전자 변이를 통해 진화를 거듭해 왔고, 앞으로도 지구상에 생명체가 존재하는 한 유전자는 계속 전달될 것이다. 지구상의 모든 생명체는 공통 조상으로부터 유전자를 유전물질로 이어받아왔다. 이는 DNA 속에 담겨있는 유전 암호체계를 확인하면 알 수 있다. 유전 암호는 세 개의 염기서열이 하나의 아미노산을 암호화하고 있는데 이때 사용하는 암호체계는 생물과 미생물이 모두 같다. 그러니 당연히 사람들도 다 같은 유전 암호를 가지고 있다.

한 개의 수정란이 세포 분열을 통해 수많은 세포로 증식해 성체를 만들게 된다. 이때 세포들은 다양한 구조와 기능을 가진 체세포들로 '분화할 수 있는 전능성Totipotency'을 가진다. 세포 분화의 과정을 좌우하는 전능성이 바로 DNA로부터 나온다. 분화된 세포들은 조직을 이루고 기관, 기관계를 형성하면서 완전한 기능을 하는 하나의 생명체를 형성하게 된다. 이 과정은 오로지 배아 자체에 있는 유전 정보를 이용해 발생한 결과로 모든 동물뿐만 아니라 식물이나 세균의 생식과 발생 과정도 같다.

DNA는 변이의 원천을 제공하기 때문에 진화의 관점에서 매우 중요한 요소다. DNA의 염기서열이 바뀌거나 염색체의 구조나 수가 변함으로써 새로운 변이가 만들어진다. 그렇게 생겨난 변이들이 환경 변화에 따른 자연선택을 통해 살아남거나 죽는 과정을 겪는다. 그 과정이 오랜 시간 동안 반복되면, '유전자 풀Gene Pool'이 변하고 기존의 종과는 생식이 불가능한 새로운 종이 탄생하게 된다.

30억 세포의 저장공간, DNA

DNA는 1869년 스위스의 생물학자 프리드리히 미셔F. Miesher가 실험 중 세포의 핵 안에서 처음 발견했다. 미셔는 세포의 핵 속에 들어있는 물질을 분석하기 위해 적당한 재료를 찾다가 병원에서 사용한 붕대에 묻은 고름을 선택했다. 이 고름에서 핵 성분을 분리 추출해 분석한 결과 강한 산성Acid을 나타내고 인Phosphorus을 함유하는 유기화합물이 들어 있음을 발견하고 이 물질에 뉴클레인Nuclein이라는 이름을 붙였다. 뉴클레인은 그 후 핵 속에 들어있는 산성 물질이라는 뜻에서 '핵산Nucleic Acid'이라 불리게 되었고 모든 생물의 세포핵 속에 공통으로 존재한다는 것이 밝혀졌다.

그렇게 발견한 세포핵 속에는 유전자가 있다. 우리 몸을 이루는 세포핵 속에 DNA와 유전자가 있는 것이다. DNA의 기본 단위는 염기와 당, 인산이 결합한 물질인 뉴클레오타이드Nucleotide다. 뉴클레오타이드는 사슬처럼 생겨서 일렬로 늘어선 형태고, 이 사슬 두 가닥이 서로 마주 보며 만든 이중나선이

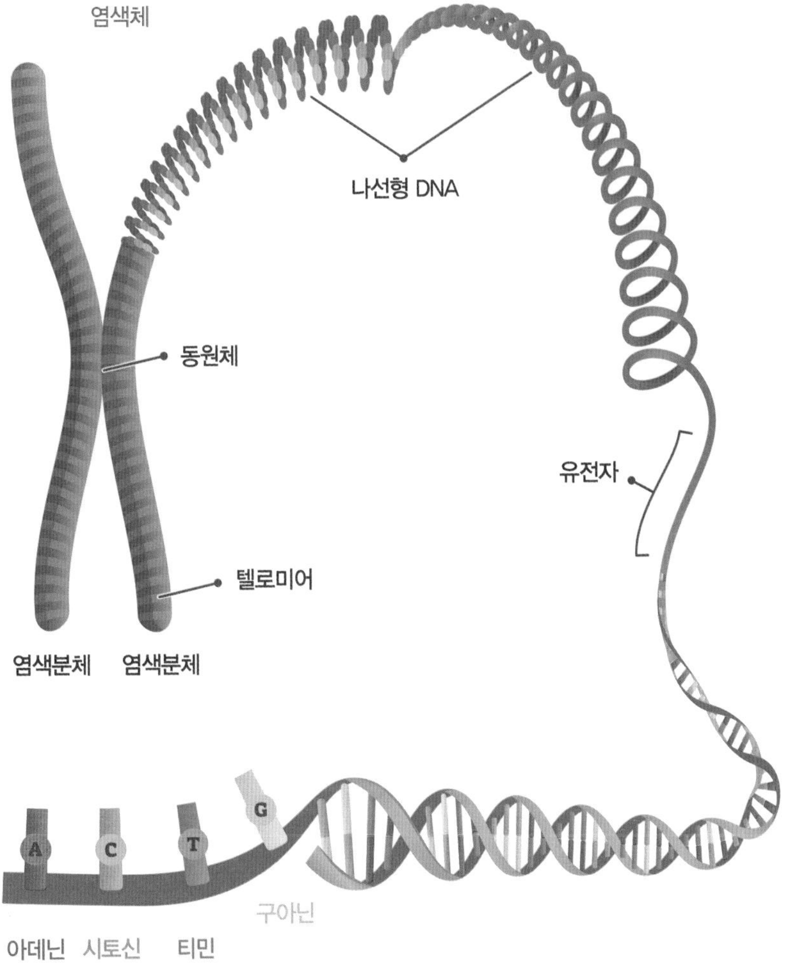

DNA의 세포 내 위치와 생활 주기 도식도

바로 DNA다. 마주 보는 염기 사슬 속 염기는 서로 잡아당기는 힘이 있어 그 힘으로 이중나선 모양이 유지된다. 이 염기들은 각각 잡아당기는 상대가 정해져 있다. 뒤에서 설명하겠지만 아데닌은 티민, 구아닌은 시토신을 서로 잡아당기며 결합한다.

우리 몸에 있는 DNA를 부모에게서 물려받은 한 권의 책이라고 한다면, 이 책에는 우리 몸의 모든 유전 정보가 적혀 있다. 이 유전 정보들에는 문자 대신 화학물질인 4종의 염기 A(아데닌Adenin), T(티민Thymine), G(구아닌Guanine), C(시토신Cytosine)로 이루어져 있다. 이때 네 가지 염기가 배열된 순서를 '유전 정보'라고 한다.

세포핵 하나에는 DNA 이중나선이 마흔여섯 가닥 들어있다. 이 가닥을 모두 연결하면 길이가 2미터이고, 서로 마주 보는 염기쌍은 약 30억 개다. 우리 세포핵에는 30억 개의 문자로 이루어진 백과사전 한 권이 있는 셈이다. 즉, 30억 개의 염기쌍으로 이뤄진 한 권의 책이 세포핵마다 들어있고, 같은 염기서열의 세포 70조 개로 이뤄진 것이 우리 몸이다.

그런데 이 염기쌍 모두가 유전자는 아니다. DNA의 염기 배열 전체에서 유전 정보가 위치한 부위가 따로 있는데, 이 부위를 '유전자'라고 한다. 30억 개의 문자 배열 여기저기에는 수천수만 개의 염기쌍으로 이루어진 유전자들이 흩어져 있다. 인간 게놈에 있는 유전자 수는 약 2만~2만 5천 개 정도이다. 인간 DNA의 전체 염기 배열 중에서 실제 유전자가 차지하는 비율은 약 2%에 불과하다.

DNA의 비밀이 조금씩 풀릴 때마다 새로운 세상이 열린다. 한 가지 확실한 것은 살아있는 세포의 DNA만큼 수많은 생물학적 정보가 저장된 하드디스크는 없다는 점이다.

2
유전자를 알면 내가 보인다

지금 잠깐 거울을 보자. 눈코입 생김새부터 체형, 머리숱까지 나를 나로 만드는 것들은 다 유전의 산물일까? 유전, 능력, 환경, 노력, 운 등 나를 결정하는 수많은 요소 가운데 유전이 큰 역할을 한다는 것을 알지만 어떤 방식으로 얼마만큼 유전되는지는 알지 못한다. 우리의 유전자가 어떻게 기능하는지 알게 되면 지금의 나를 좀 더 잘 이해할 수 있을 것이다.

머리는 좋은데 공부를 못해요

지능은 타고나는 것일까 아니면 환경의 영향을 받는 것일까? 자녀를 둔 부모라면 누구나 궁금해하는 질문이다. 인류는 오랫동안 인간의 지능을 결정짓는 근원이 무엇인지 궁금증을 가져왔다. 학자들의 다양한 연구 결과 지능이 유전으로 결정된다는 '유전결정론'과 환경에 의해 정해진다는 '환경결정론'으로 양분되었다. 양측의 주장은 19세기부터 시작해 지금까지도 팽팽한 줄다리기를 유지하고 있다. 이렇게 오랫동안 줄다리기가 이어지고 있는 이유는 지능이 유전이나 환경 중 어느 한 가지의 독립된 요인에 따라 결정되지 않고 두 요인의 복합적인 작용에 따라 결정되기 때문이다.

공부 머리는 유전인가, 환경인가

유전결정론 연구를 처음 시작한 사람은 영국의 프랜시스 골턴Francis Galton이었다. 그는 진화론을 주창한 다윈의 사촌 동생으로 통계학의 개념과 방법을 최초로 고안해 부자간의 키 유전 관계를 규명하기도 했다. 골턴은 1869년에 출간한 그의 첫 저서 〈유전적 천재Hereditary Genius〉에서 지능도 신체와 같이 세대 간에 유전인자를 통해 전달된다고 주장했다. 그는 귀족, 정치가, 법률가, 군 지휘관, 신학자, 소설가, 시인, 과학자, 음악가, 화가, 케임브리지대학교 장학생 등 400여 명의 가계를 추적해 6~10세대에 걸쳐 조사를 진행했다. 그 결과 이런 직업을 가진 사람들이 천부적 재능을 타고난다는 사실을 알게 되었다. 이를 근거로 골턴은 지능이나 재능은 유전으로 결정된다고 주장했다.

골턴 이전에 다윈은 1859년 출간한 〈종의 기원〉에서 환경에 적합한 생물이 자연선택되어 살아남았고 그들이 가진 좋은 형태와 형질이 후손에게 전달된 것이 '진화'라고 주장했다. 골턴 역시 유전의 중요성을 특별히 강조하면서

'인간도 동물처럼 선택적으로 번식해야 한다'고 주장했다. 하지만 그의 주장은 1833년 우생학Eugenics으로 발전했고, 유럽과 미국으로 퍼져 제국주의와 인종주의가 성행되는 신호탄이 되었다. 결정적으로 히틀러가 일으킨 홀로코스트의 토대가 됨으로써 과학계의 강력한 반발과 더불어 법적으로도 금지되고 학문적으로도 몰락의 길을 걸었다.

지능 유전자를 발견하다

지능Intelligence은 학습, 생각, 이해, 판단, 계획, 문제 해결 능력 등을 말한다. 인간은 물론 동물도 지능을 가진다. 식물도 지능이 있는지는 알 수 없지만 환경에 대처하는 능력은 있다.

유전자가 지능에 영향을 미친다는 것은 명백하게 밝혀졌다. 다만 어떤 형식으로 영향을 미치는지는 확실하지 않다. 부모 양쪽으로부터 반반씩 유전되는 상염색체에서 지능과 관련된 유전자가 발견됐다는 연구 결과도 있고, 성염색체 중 X염색체에 지능 유전자가 존재한다는 연구도 있다. 지능 유전자는 단순히 부모 중 어느 한쪽에게서 유전되는 형질이라고 볼 수 없다. 지능과 관련된 유전자는 아직 밝혀지지 않은 부분이 많다. 따라서 지능이 유전된다고 주장하기에는 근거가 부족하다.

2017년 네덜란드 암스테르담 자유대학의 연구진은 사람의 지능 관련 유전자 52개를 발견했다고 발표했다. 연구진은 실제 교과 과목 학습에 지능 유전자가 얼마만큼 영향을 주는지 조사했다. 이를 통해 부모로부터 유전된 지능지

수가 시험 성적에 영향을 미치는 걸 확인했다. 지능 유전자뿐만 아니라 부모에게서 유전된 정신 건강, 성격, 동기 부여 역시 성적에 큰 영향을 주는 것으로 밝혀졌다. 과학 저널 〈네이처 제네틱스Nature Genetics〉에 발표된 연구 결과에 따르면 새롭게 발견된 이 '지능 유전자Smart Genes'로 수만 명의 지능지수 검사 결과의 약 20% 정도가 설명 가능하다.

이번에 발견된 유전자 52개 가운데 40개는 그동안 지능과의 관련성이 밝혀지지 않은 유전자들이다. 연구팀은 약 7만 8천 명이 참여한 이전 연구 13건의 유전자 프로파일과 IQ 검사 기준의 지능 평가를 상세하게 분석해 이 유전자들을 찾아냈다. 높은 IQ와 연관된 유전자 변이 대부분은 신경세포의 분화와 시냅스 형성 등 뇌세포 생성을 제어하는 데 관여하는 것들임을 밝혀냈다. 각각의 52개 유전자가 어떤 역할을 하는지는 완전히 밝혀지지 않았지만 그중 4개 유전자는 세포 발달을 조절하고, 3개 유전자는 뉴런Neurons 안에서 다양한 일을 수행하는 것으로 알려졌다.

지능 유전자 연구가 계속 진행되면서 유전학자 다니엘 포스투마Danielle Posthuma는 8만 명에 이르는 사람을 분석해 지능과 관련된 수십 가지 유전자 변이를 찾아냈다. 지능 관련 유전자 중 'SHANK3'는 뉴런들 사이의 연결을 촉진하는 단백질을 만드는데, SHANK3 단백질의 돌연변이가 자폐 스펙트럼 장애와 조울증을 포함한 정신질환의 원인이 된다. 자폐증인 사람들은 IQ가 높을 가능성이 크지만, 반대로 조현병을 앓거나 비만증인 사람들은 높은 IQ와 관련 있는 특정 유전자가 존재하지 않는 경우가 더 많았다. 지능에 관여하는 유전자는 지금 알려진 것 외에도 실제로는 훨씬 많을 것이다. 하지만 지능 유전자를 모두 찾아내려면 수백만 명분의 전체 유전 정보를 해석해야 하는 어려움이 있다. 다만 현재의 연구 결과가 학습 질환 치료법 개발에는 도움이 될 것으로 기대한다.

영재들의 DNA는 뭐가 다를까?

지능과 유전자의 관련성 연구는 계속해서 이뤄지고 있다. 자바네D. Zabaneh 외 12인의 과학자들은 '전체유전체 상관분석연구GWAS, genome-wide association study'에서 IQ와 지능 간에 어떤 상관관계가 있는지 알아보기 위해 7만 8천308명의 DNA 염기서열을 분석한 결과를 〈네이처 제네틱스Nature Genetics〉에 발표했다. 연구 결과 SNP(단일염기다형성) 1천2백만 개 중 336개와 유전자 22개가 지능에 관련된 걸 확인했다. SNP는 사람마다 다른 특정 염색체 영역의 뉴클레오타이드로, 예를 들어 한 사람은 뉴클레오타이드 TAC를 가지는가 하면, 다른 사람은 뉴클레오타이드 TCC를 가진다. 이런 차이는 사람마다 지능과 같은 특성들이 다르게 나타날 수 있다는 것을 의미한다. 이 실험으로 SNP 중 일부가 지능과 학습의 기초가 된다는 점이 밝혀졌다.

지능 유전자를 찾기 위한 연구는 계속 이어졌다. 재능 있는 어린이를 발굴, 육성하는 또는 선별, 육성하는 단체의 연구자들이 2018년 미국 듀크대학의 TI 프로그램Talent Identification Program을 위해 모였다. 그들은 1,238명의 어린이를 대상으로 DNA를 분석해 유전적 영향이 지능에 얼마만큼 영향을 미치는지 조사했다. 일반인의 평균 IQ는 100인데 이 그룹의 평균 IQ는 170으로 상위 0.03%에 속했다. IQ가 높은 그룹과 평균 IQ 그룹의 유전적 변이를 비교했더니 IQ가 낮은 사람보다 IQ가 높은 사람에게서 더 많은 유전적 변이가 있는 게 밝혀졌다. 최고 IQ 그룹 구성원의 SNP를 분석해보니 평균 IQ 점수를 가진 대조군과 비교해 뚜렷한 차이를 보였다.

신경과학자 리처드 하이어Richard J. Haier는 1,583명의 청소년을 대상으로 유전 분석과 MRI 신경 영상을 결합해 지능 연구를 수행했다. MRI 스캔으로 대뇌 피질 두께를 측정하고 시냅스 가소성을 조사했더니 지능지수와 유의적 상관성이 있었고 유전적 변이 즉, SNP와 관련이 있음을 발견했다.

물론 지능을 연구하는 과학자들은 지능이 DNA의 산물만은 아니고 환경·심리적 특성 역시 지능발달에 큰 영향을 미친다고 주장한다. 지능과 유전자의 관련성 연구의 목적은 지능 유전자의 중요성을 밝히기 위함은 아니다. 지능 유전자를 연구해 심각한 인지 결손이 발생할 위험이 있는 특정 유형의 어린이를 조기에 식별해 그 위험을 줄이고 예방하는 데 유용하다. 더불어 뇌 기능이 지능을 향상하기 위해 어떻게 작동하는지 과학적 기초를 제공할 수도 있다.

한때 지능이 엄마로부터 유전된다는 설이 있었다. X염색체에 지능 관련 유전자가 있는 것은 사실이지만 다른 염색체에도 지능 관련 유전자들이 있다. X염색체인 성염색체는 한 쌍밖에 없지만, 성염색체를 제외한 상염색체는 스물두 쌍으로 양이 훨씬 많다. 따라서 X염색체뿐만 아니라 다른 염색체에서 지능 유전자가 발견될 확률이 더 높다. 연구 결과 다양한 지능 유전자가 발견되고 있어 더 많은 수의 지능 유전자가 양쪽 부모로부터 반반씩 유전되는 상염색체에 존재한다는 견해가 지배적이다. 지능은 매우 복잡하며 아직 밝혀지지 않은 부분이 많아 쉽게 정의할 수 없고, 지능의 유전 방식을 알아내기 위해서는 아직 해결해야 할 문제가 많이 남아있다.

하루 4시간만 자는 '에디슨 수면법' 괜찮을까?

에디슨Thomas Alva Edison은 누구나 잘 아는 유명한 발명가로 1천 건 이상의 발명 특허를 냈고 아직도 우리 주변에 그의 발명품이 곳곳에 자리하고 있다. 그런 에디슨이 어린 시절에는 남다른 고난을 겪었다. 성홍열을 앓아 한쪽 귀가 안 들리고, 몸이 허약해 뒤늦게 입학한 학교생활도 평탄하지 않았다. 게다가 호기심 많은 에디슨이 까다로운 질문을 자주 하자 초등학교 선생님은 에디슨을 성가신 존재로 취급했고 결국 에디슨은 3개월 만에 학교를 그만두게 되었다.

교사였던 어머니가 집에서 직접 에디슨을 가르쳤는데, 아들의 재능을 마음껏 발휘하도록 집에 실험실을 꾸며 여러 가지 실험을 할 수 있도록 해주었다. 이런 특수한 환경에서 자란 에디슨은 평생 수면 시간이 아주 짧았다고 알려져 있다. 오죽하면 에디슨이 하루에 4시간만 잤다는 이야기가 퍼져 수험생들이 따라 하는 에디슨 수면법이 생겨났었다. 최근에는 에디슨의 수면 시간이 실제로 짧지 않았다는 사실이 밝혀지기도 했다. 에디슨은 하루 4시간 수면이 아니라 밤낮을 가리지 않고 잠깐씩 짧게 자고, 연구소 작업대에서 쪽잠을 자기도 했다. 결국, 에디슨이 짧게 자주 잠을 자도 정상적으로 생활했듯이 사람마다 본인에게 맞는 적정 수면 시간은 다르다.

수면의 질을 떨어뜨리는 과수면

그렇다면 사람은 하룻밤에 몇 시간을 자는 것이 적당할까? 전문가는 대체로 8시간을 권장하고, 7시간 이하로 자면 건강에 해롭다고 한다. 만성적인 수면 부족은 여러 가지 건강 문제를 유발하는 것으로 알려졌다. 그중에는 심혈관 질환, 암, 치매, 대사 장애, 면역력 저하 등이 포함된다.

사람처럼 수면 시간과 수면 형태가 개인에 따라 차이가 많은 동물은 없다. 저녁형 인간, 아침형 인간으로 나뉘기도 하고 평균 수면 시간도 4시간에서 12시간까지 다양하다. 근래에는 낮에 잠을 자고 밤에 일하는 직업군도 많아졌다. 수면의 형태와 시간이 다양해질수록 잠에 관한 연구가 더욱 활발해졌다.

수면은 렘REM, Rapid Eye Movement수면과 논렘Non-REM수면으로 나뉘는데 개인에 따라 패턴은 다르다. 일반적으로 렘수면 상태에서 꿈을 꾸고, 잠을 길게 자는 사람이 꿈을 자주 꾸는 편이다. 실제로 렘수면 상태일 때 안구 운동이 활발해져 얕은 잠을 자는 동안 꿈을 꾸게 되는 것이다. 즉 꿈을 많이 꾼다는 것은 쓸모없는 잠을 길게 잔다는 의미로 해석할 수도 있다. 사람이 80년을 살 경우 하루 평균 4.5시간을 자는 사람과 9시간을 자는 사람의 평생 수면 시간 차이는 엄청나다. 이렇게 생각해보면 평균 수면 시간을 줄이는 것에 동의하게 된다. 80년 인생에서 11년이라는 시간을 어떤 목표를 위해 투자한다면 못 이룰 일은 없을 것이다.

적정 수면 시간은 사람마다 다르다

그렇다면 한 사람의 적정 수면 시간은 어떻게 정해지는 걸까? 2019년 미국 샌프란시스코 캘리포니아대UCSF 푸잉후이 신경학 교수팀은 사람별 수면 시간에 따른 연구 분석을 진행했다. 연구팀은 유전적으로 짧은 수면 체질을 타고난 사람이 있다고 과학 저널 〈뉴런〉에 연구 보고서를 발표했다.

푸 교수팀은 2009년에 이미 '자연적인 짧은 수면Natural Short Sleep' 유전자를 처음 찾아내 학계에 보고했다. 당시 발견된 것이 DEC2 유전자다. 이 유전자에 돌연변이가 생긴 사람은 짧은 수면 체질을 타고나 하루 평균 6.25시간의 잠을 자는 것으로 나타났다. 이는 유전자 돌연변이가 없는 피실험자 평균 8.06시간에 비해 78%에 불과하다. 연구팀은 3대 연속 짧은 수면 체질을 타고난 한 가족을 발견하고, 이들의 유전체를 분석해 염색체의 돌연변이 위치를 찾아냈다. 바로 베타1-아드레날린수용체 유전자의 염기서열 하나에 돌연변이가 생긴 것이다.

실험 결과를 종합하면 베타1-아드레날린수용체 변이형이 뉴런의 활성을 높여 짧은 수면을 촉진한다. 뇌가 더 쉽게 각성하고, 더 오래 각성 상태를 유지하게 되는 것이다. 짧은 수면 체질을 타고난 사람은 수면 부족으로 인한 건강 문제가 없고, 오히려 생리학적 이점을 많이 갖고 있다고 연구팀은 설명한다. 짧은 수면 체질인 사람은 더 낙천적이고, 더 활력이 넘치며, 여러 가지 일을 동시에 수행하는 능력이 더 뛰어난 특징이 있다. 여기에 더해 통증을 더 잘 견디고, 시차 적응을 잘하고 심지어 더 오래 산다는 주장도 제기된다. 하지만 이 연구 결과만으로 적정 수면 시간의 개인차를 설명하기에는 부족하다. 베타1-아드레날린수용체 유전자 변이는 10만 명에 네 명꼴로 발생해 유의미한 확률로 보기 어렵다.

인간의 적정 수면 시간 연구는 이제부터가 시작이다. 대부분 동물은 활동하는 영역에 따라 밤에 잠을 잔다. 밤에 활동하고 낮에 잠을 자는 동물도 있으나 일정 기간 뇌를 쉬게 해서 활력을 찾는 패턴은 같다. 개개인의 수면 시간 차이는 단순한 의지의 문제를 떠나, 유전적 돌연변이에 의해 얻게 된 타고난 기질일 수 있다는 점을 이해할 필요가 있다. 수면에 대한 비밀이 점차 밝혀져 잠을 무작정 줄인다거나 다른 사람의 수면 패턴에 맞추려 할 필요는 없다는 것을 알게 되었다. 개개인의 생체리듬과 최적의 수면 시간을 스스로 파악하는 것이 무엇보다도 중요할 것이다.

누구나 나이가 들면 머리카락이 가늘어지고 탈모가 시작된다. 특히 집안에 탈모인 어른이 많으면 본인도 언젠가 탈모가 올 것이라고 걱정한다. 흔히 탈모는 남성에게 많은 것으로 알려졌는데 실제로도 아버지나 남성 형제가 탈모일 경우 본인도 탈모일 확률이 가장 높다. 하지만 어머니나 외할아버지가 탈모일 때도 탈모 위험성이 높아진다는 조사 결과도 있다.

앞머리의 양쪽 끝, 이마 선이 점점 후퇴하면서 정수리의 변화가 동반되는 형태의 탈모가 남성에게서 주로 나타나는 남성형 탈모다. 반대로 앞머리의 헤어라인은 유지되나 정수리나 가르마 선이 점점 넓어지는 탈모는 주로 여성에게 나타나는 여성형 탈모이다. 유전성 탈모는 머리가 우수수 빠지기보다는 모발이 점점 가늘어지고 성장이 잘 안 돼 모발 밀도가 감소하면서 나타난다.

탈모의 유전적 원인을 밝히다

탈모의 원인은 아직 정확하게 밝혀진 사실이 없다. 현대 과학으로도 정확한 해법을 찾지 못하고 있다. 동물의 탈모는 피부질환으로 생기는 경우가 많지만, 사람의 탈모는 단순하지 않고 여러 가지 복합적인 원인에 의해 발생한다. 탈모 유전자는 남성에게는 우성으로, 여성에게는 열성으로 유전되어 남성이 상대적으로 더 영향을 받는다는 설이 있다. 남녀 공통으로 정신적 스트레

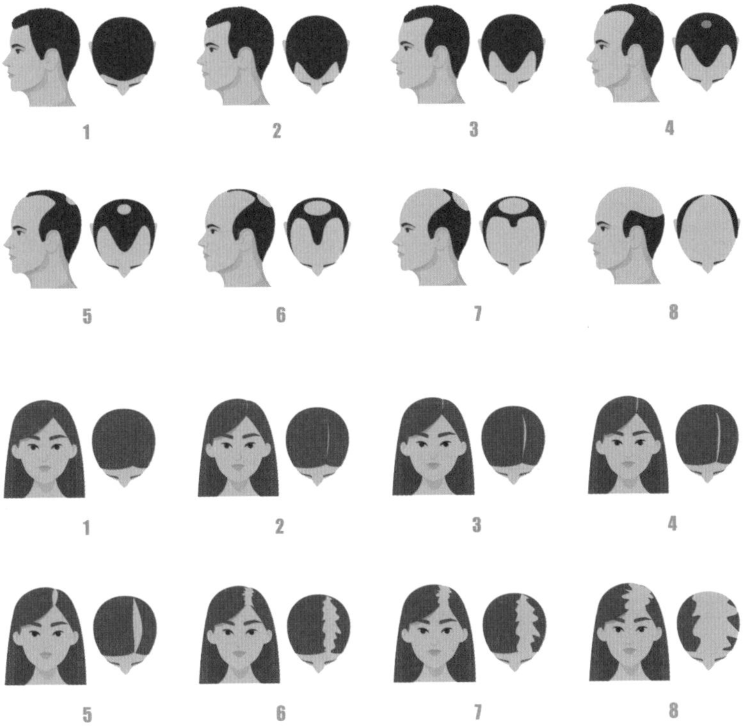

남녀 탈모의 진행 과정

스, 환경오염, 영양의 불균형, 지루성 피부염, 곰팡이 감염, 약물 등이 탈모의 원인으로 꼽힌다.

남성형 탈모의 유전적 변이를 찾는 연구는 오래전부터 진행되었다. 그중 하나가 2008년 영국 런던대학의 연구진이 1,125명의 유럽인을 대상으로 진행한 유전체 분석이었다. 연구 결과 20번째 염색체 11번 부위(Chr20p11)에 변이가 생기면 정상인 경우보다 1.6배 높은 확률로 남성형 탈모가 생긴다고 밝혀졌다. 탈모를 일으키는 유전자 변이는 서양인의 80%, 한국인의 50%에서 나타나는 것으로 알려져 있다. 서양인들에게서 M자형 남성 탈모가 더 많은 것은 이런 이유다.

탈모와 관련해 가장 많이 알려진 유전자는 '남성 호르몬 수용체 AR, Androgen Receptor 유전자'다. AR 유전자는 탈모의 유전 요인 중 약 40%를 차지하는 강력한 유전자다. AR 유전자가 5알파 환원효소를 활성화하거나, 안드로겐 수용체의 활성도를 증가시킨다. 남성 호르몬인 테스토스테론이 5알파 환원효소에 의해 DHT(디하이드록시테스토스테론)로 바뀌면서 모유두 안드로겐 수용체와 결합하면 모근 세포 파괴 물질이 분비되어 모낭을 수축시키고, 모발이 가늘고 짧아지는 안드로겐 탈모가 발생한다.

여성 탈모가 더 심각한 문제

여성 탈모 연구 역시 활발하게 이뤄지고 있다. 최근 서울대병원 연구팀은 특정 유전자에 단일염기다형성SNP 변이가 있는 20~30대 여성이 탈모 발생 가능성이 더 높다는 사실을 발견했다. 연구팀은 여성형 탈모증과 관련된 단일염기다형성 10만 5천294개를 확보해 분석했다. 그 결과 여성형 탈모증과 관련된 5개의 유전자를 찾아냈고, 그중에서도 'PPARGC1A' 유전자가 탈모증에 중요하게 관여할 것으로 판단했다. 연구진은 PPARGC1A 유전자와 여성형 탈모증의 실제 연관성을 확인하기 위한 추가 실험에서 조절인자의 양이 많을수록 단백질이 늘어나 모간의 성장을 억제한다는 사실을 알게 되었다. 이로써 단백질에 관여하는 PPARGC1A 유전자가 조기 여성형 탈모증의 가장 중요한 원인 유전자라는 사실이 밝혀졌다. 그뿐만 아니라 여성형 탈모증 가족력이 있는 환자는 PPARGC1A 유전자와 관련된 단일염기다형성을 더 많이 보유한 것으로 확인됐다. 그렇다면 가족력이 있는 여성 역시 탈모증이 더 발생하기 쉽다는 사실도 밝혀지게 된 것이다.

인간의 모발은 자라고 빠지는 현상을 반복한다. 모낭이 모발을 만들면서 일어나는 자연스러운 현상이지만, 빠진 머리가 다시 나지 않을 때는 문제가 생긴 것이다. 그 이유는 모낭이 모발을 생성하는 기능을 잃었기 때문이다. 이전까지의 연구로 모낭 줄기세포가 젊은 시절에는 많았지만, 노화를 거치면서 감소한다는 사실을 확인했다. 하지만 노화로 사라지는 이유에 대해서는 제대로 알려지지 않은 상태였다. 그런데 미국 노스웨스턴대 연구진이 생물의 줄기세포와 노화의 상관관계를 밝혀내는 데 성공해 몰랐던 사실들이 밝혀졌다. 줄기세포를 고정하는 접착제 같은 성분이 사라지면서 세포가 원래 위치에서 이동해 환경에 적응하지 못하고 사멸하게 된다. 즉 이 유전자를 원래대로 돌릴 수만 있다면 탈모 현상을 역전시킬 수도 있다는 것이다. 연구가 계속 진행되면 탈모의 공포에서 벗어날 수 있을 것으로 기대가 된다.

아인슈타인의 헤어스타일은 돌연변이다

모발과 관련된 돌연변이 유전자는 또 있다. 바로 아인슈타인이 앓았던 희귀 질환인 엉킴털증후군Uncombable Hair Syndrome이다. 엉킴털증후군은 빗질해도 머리카락이 가지런히 눕지 않고 원래 엉클어진 상태로 돌아가는 병으로 머리카락이 제멋대로 자라고 거친 특징이 있다. 이 증후군은 모두 부모에게서 유전된 것으로 밝혀졌으며 환자의 대다수는 백인이고 금발이다. 엉킴털증후군은 PADI3, TGM, TCHH3 유전자 중 하나에 돌연변이가 생기면 증상을 보인다. 미국 의사협회 〈피부과학지JAMA Dermatology〉에 실린 연구 결과에 따르면 가장 최근에 발견된 PADI3 유전자는 모발의 주요 단백질 중 하나인 트리코하이얼린Trichohyalin의 생성에 관여하는 효소를 인코딩하는 역할을 하는 것으로 나타났다. 모발 관련 유전자는 탈모뿐만 아니라 곱슬 정도 등 다양한 형태로 영향을 미치는 게 확인되고 있다.

물만 먹어도 살이 쪄요

전 세계의 과체중 인구는 약 20억 명이고 그중 비만 인구는 6억 5천만 명으로 점차 증가하는 추세다. 비만은 심혈관계 질환, 고혈압, 뇌졸중, 제2형 당뇨병, 신경 퇴행성 질환 및 특정 암을 포함한 동반성 질환의 주요 요인이다. 비만과 관련된 질환으로 매년 400만 명 이상이 사망하고 있고, 코로나19 사망자의 88%가 비만 인구 비율이 높은 국가에서 발생했다는 보고도 있다. 세계비만연맹WOF에 따르면 전 세계 코로나19 사망자 250만 명 중 220만 명이 비만 인구 비율이 50%가 넘는 국가에서 발생한 것으로 밝혀졌다. 비만 비율이 18.3%인 베트남은 코로나19로 인구 10만 명당 0.04명이 사망해 전 세계에서 가장 낮은 사망률을 보였지만, 비만 비율이 68%인 미국은 10만 명당 152명이 사망했다.

예쁜꼬마선충에서 찾은 비만 유전자

보건 의료 면에서 비만의 예방과 치료를 위한 표적 유전자를 찾아내는 것에 관심이 집중되고 있다. 비만과 관련된 유전자를 확인하고 어떤 변이가 비만과 연결되는지 인과관계를 밝히기 위해 미국 버지니아대학의 에일린 오루크Eyleen O'Rourke 박사팀은 예쁜꼬마선충(C. elegans)을 이용해 '전체유전체상관분석연구GWAS'를 진행했다.

흙 속에서 박테리아를 잡아먹는 선충류인 꼬마선충은 세포의 분화 과정을 밝히는 실험모델로 사용되어 유명해진 선형동물이다. 이 선충은 유전자 70% 이상이 인간과 비슷하며, 사람과 마찬가지로 과도한 양의 설탕을 섭취하면 비만이 된다. 이러한 점을 이용해 꼬마선충에 일반식단과 고과당 식단을 규칙적으로 섭식하게 해 비만을 촉진하는 열네 개의 유전자와 비만을 방지하는 세 개의 유전자를 찾아냈다. 또한 비만 유전자의 작용을 차단하면 꼬마선충의 운동기능이 좋아지고 더 오래 산다는 사실도 밝혀냈다.

약물 개발자들은 이런 연구를 통해 비만 방지 의약품 개발을 시도해왔다. 물론 이 연구 결과가 인간의 비만 치료법으로 이어지기 위해서는 더 많은 연구가 필요하다. 하지만 이번에 찾아낸 유전자가 비만 방지 의약품 개발의 중요 수단이 될 것으로 전망되고 있어 효과에 대한 기대가 크다.

체중을 좌우하는 16번 염색체

물만 먹어도 살이 쪄서 고민이 사람도 있는가 하면 아무리 먹어도 바짝 말라서 고민인 사람도 있다. 마른 사람은 가족들도 마른 편이고, 살이 찐 사람은 가족들도 대체로 살이 찐 편이다. 그래서 체중은 후천적 요인보다 유전자에 의해 결정될 가능성이 크다는 주장이 있었다. 그 주장을 뒷받침할 만한 연구 사례가 몇 가지 있다.

스위스 로잔의대 세바스티엔 자크몽S. Jacquemont 교수팀은 연구를 통해 우리 몸의 23쌍의 염색체 중 16번 염색체에 있는 유전자의 유무에 따라 마른 체중이 될 확률이 높다고 밝혔다. 16번 염색체의 유전자가 중복되는 사람들은 마른 체중이 될 확률이 남성의 경우 23배, 여성은 5배 이상 높게 나타났다.

16번 염색체와 비만 관련 연구는 이전에도 있었다. 영국 케임브리지대학의 사다프 파루키Sadaf Farooqi 교수가 비만 아동을 대상으로 조사한바, 어린이의 고도비만은 배고픔을 조절하는 유전자가 없기 때문이라는 내용을 발표했었다. 파루키 교수팀은 체중이 100kg 이상인 고도비만 10세 아동

300명의 유전체를 분석한 결과 비만 아동 일부에게 특정 유전자가 없다는 점을 확인했다. 추가로 1,200명의 고도비만 아동을 조사한 결과 해당 아동의 1%가 16번 염색체에서 아홉 개의 유전자 중 일부가 무더기로 사라진 걸 발견했다.

이 연구에 따르면, 16번 염색체의 일부 유전자가 없는 아동은 보통 사람보다 중증 비만이 될 확률이 43배 높은 것으로 나타났다. 파루키 교수는 16번 염색체 유전자의 일부 손실로 식욕 조절 호르몬인 렙틴에 뇌가 반응하도록 하는 유전자가 사라져 이런 문제를 일으킨다고 밝혔다. 특히 이 유전자의 상실이 강한 식탐으로 이어져 계속 먹어도 배가 고프도록 느끼게 만든다고 설명했다. 반대로 이 연구 결과는 극도로 마른 사람 역시 16번 염색체 유전자의 중복과 연관성이 있다는 것을 나타낸다. 두 연구 모두 16번 염색체가 체중을 좌우한다는 사실을 보여준 것이다. 앞으로 비만과 저체중, 식욕 장애를 고칠 수 있는 치료법의 개발이 이어질 것으로 기대된다.

비만 유전자는 없어도 날씬 유전자는 있다

우리 사회의 체중에 대한 문제의식은 대부분 비만에 맞춰져 있어 그 반대의 경우는 대수롭지 않게 생각하는 경향이 있다. 하지만 실제로 마른 사람들 역시 '나약해 보이는 이미지'와 같이 사회의 부정적인 시선에서 벗어나지 못하는 게 현실이다. 살이 찌지 않는 것도 개인의 유전적 소양과 관련돼 해당 연구가 진행 중이다.

2020년, 국제 과학 연구진들이 많이 먹어도 살이 찌지 않는 사람들에게만 보이는 특이한 유전자 구조를 발견했다는 소식이 영국 일간지 〈데일리 메일〉에 실렸다. 20세에서 44세 사이 사람들의 유전자 프로필을 조사한 결과, 연구진은 살이 잘 찌지 않는 사람들에게서 ALK 유전자 변종을 확인했다. ALK 유전자 변종을 가진 이들은 연구 대상의 1%에 해당하는 사람들로 선천적으로 마른 몸을 가진 사람들이었다. 연구진은 쥐와 파리 등을 대상으로 매일 고열량 음식을 먹이는 실험을 통해 정상적인 쥐는 비만이 되고, ALK 유전자에 변형을 가한 쥐는 마른 상태를 유지하는 걸 확인했다. ALK 유전자의 발견으로 비만 치료를 위한 새로운 길이 열려 기대를 모은다.

하지만 비만 유전자와 날씬 유전자를 찾기 이전에, 체질 개선이 건강 관리에는 더 효과적이라는 사실을 알아야 한다. 조금 먹어도 살이 찌는 에너지 절약형 체질이 있지만, 반대로 많이 먹어도 살이 안 찌는 에너지 소비형 체질도 있다. 에너지 절약형 체질의 사람은 뚱뚱한 경우가 많고, 에너지 소비형 체질의 사람은 마른 경우가 많다. 장기간 적절한 몸무게를 유지하려면 식사량과 에너지 자체 소비량이 같도록 조절해야만 한다. 물만 먹어도 살이 찌는 사람은 기초 대사에 드는 에너지 소비량이 적기 때문에 칼로리 흡수를 많이 하고 육체적 운동량이 적으면 에너지가 더 많이 쌓여 비만이 된다. 반대로 많이 먹어도 살이 안 찌고 마른 사람들은 기초 대사에 소모되는 에너지 소비량이 많아서 같은 운동량이더라도 칼로리 소모량이 많아 살이 찔 수 없다. 즉, 본인의 기초 대사량을 알고 관리하는 게 건강 관리를 잘하는 지름길이다. 자신의 체질을 잘 파악하고 양질의 탄수화물, 단백질과 지방, 채소와 과일을 균형 있게 규칙적으로 식사하는 식습관을 지속하면 자연스럽게 건강한 체형이 만들어질 것이다.

3
유전자 감식 기술 어디까지 왔나

DNA 중 사람마다 다른 형태를 가지고 있는 특정 부위를 비교 분석해서 신원을 확인하는 것이 바로 유전자 감식이다. 범죄 수사에서는 이 기술을 활용해 현장에 남은 혈흔이나 타액, 모발 등으로 범인을 지목하거나 추적하고, 전쟁 중 사망한 전사자의 유가족을 찾기도 한다. 유전자 감식 기술은 법의학과 과학수사에 중요한 역할을 하기도 하지만, 친자확인이나 혈연관계 확인 등이 필요한 일반인들에게도 활용 범위가 확대되고 있다.

잃어버린 자식을 찾습니다

출생의 비밀을 다루는 드라마를 보면 종이 한 장을 건네며 '내가 니 진짜 애비다!'라고 하는 장면이 가끔 나온다. 친자관계 확인은 여러 방법이 있겠지만 가장 확실한 것이 유전자 검사다. 그래서 요즘에는 유전자 검사법이 친자확인의 대명사가 되었다. 아동학대 사건의 경우에도 종종 피해자 외에 피의자들의 유전자 검사를 시행한다. 친자 중 한쪽이 사망하여 친자확인을 할 수 없을 경우 유사한 검사로서 부계 혈족 확인 또는 모계 혈족 확인 검사를 대신하기도 한다.

99.99% 정확한 친자확인 검사

친자확인 검사의 원리는 두 사람의 유전 정보를 분석해 가족 간의 유전적 유사성을 확인하는 것이다. 세계에서 가장 큰 DNA 은행인 미국 FBI DNA 프로그램 'CODIS'에서는 친자확인을 위해 총 13개의 유전자를 사용한다. 13개 유전자가 모두 일치하면 친자일 확률은 99.99%로 'CODIS'의 정확도가 상당하다.

친자확인을 위해 가장 많이 사용하는 분석법은 STRShort Tandem Repeat 분석이다. DNA 분자 내에서 특정 부분 반복되는 염기서열을 분석하는 기법이다. 각각의 가족 구성원은 고유한 STR 패턴을 보여 이를 통해 부모와 자식 간의 관계를 확인할 수 있다.

Y염색체의 특정 지역에서 발견되는 단편적인 반복 염기서열인 STR을 분석하는 Y-STR 분석법도 있다. 아버지와 아들 간의 혈연관계를 확인하거나 남성들 간의 가족 관계를 연구할 때 주로 사용된다. 모계 관계를 검증하기 위해서는 미토콘드리아 특성을 대조하는 mtDNA 분석법을 사용한다. 모든 개

인은 어머니로부터 미토콘드리아 DNA를 상속받는다. 따라서 mtDNA 분석은 어머니와 자식, 손자 손녀와 같은 모계 혈연관계를 확인하는 데 주로 사용된다. 유전자 검사에 걸리는 시간은 짧게는 5~6시간 정도로 대개 하루 만에 확인할 수 있다. 유전자 검사를 할 때는 모근이 붙은 머리카락이나 입안 상피세포를 이용한다. 태아의 경우, 임신 8주 차부터 DNA 분석이 가능하지만 아직 한국에서는 태아의 친자확인은 불법이다.

우리나라에서는 1991년 최초로 범죄 수사에 유전자 감식을 사용하기 시작했다. 요즘은 범죄 수사뿐 아니라 일반인들도 이 기술을 활용할 수 있게 되었다. 2014년 한국 법원에서 접수된 친자확인 및 부인 소송 4,661건 중 약 30%가 친자가 아니라는 결과가 나왔다. 유전자 검사를 통해 친자로 최종 판정됐는데 친자관계가 아닐 확률은 4조 7,000억분의 1의 확률이기 때문에 유전자 검사가 틀릴 가능성은 거의 없다.

한우도 받는 DNA 검사

유전자 감식은 동물에게도 이용된다. 한우고기와 수입 쇠고기의 가격 차이가 크기 때문에 수입 쇠고기를 한우로 둔갑시켜 판매하는 사례가 종종 있다. 예를 들어, 수입 쇠고기나 젖소고기가 한우고기로 둔갑하거나, 낮은 등급의 쇠고기가 등급이 우수한 한우 이력번호로 허위 표시되는 경우다. 이런 문제를 해결하기 위해 유통 쇠고기에 대한 한우 확인 검사가 이루어진다. 이때 시행하는 것이 유전자 감식기법을 적용한 DNA 동일성 검사다. 쇠고기에서 DNA

를 추출해 PCR로 증폭시킨 후 유전자 분석기로 PCR 결과물의 유전자 값을 분석해 한우가 맞는지 판별한다.

DNA 검사로 축산물 이력 관리도 가능하다. 가축 및 축산물의 출생부터 개체마다 이력번호를 부여해 사육, 도축, 가공, 유통에 이르기까지 정보를 기록·관리하고 있다. 축산물 이력 관리가 시행되면서 가축의 질병 및 축산물의 위생·안전에 문제가 발생할 때 이동 경로를 추적해 신속하게 대처할 수 있게 되었다. 국내산 쇠고기의 경우 도축 시 축산물품질평가원에서 모든 소의 샘플을 채취해 보관하는 절차를 밟는다. 그런 과정을 거쳐 도축된 쇠고기와 유통 쇠고기의 DNA 일치 여부가 확인돼 안전하게 한우를 먹을 수 있다.

범인이 남긴 아주 작은 흔적, DNA

영화 〈살인의 추억〉으로 더욱 유명해진 화성 연쇄 강간·살인 사건은 1980년대 전국을 공포에 떨게 한 사건이었다. 범인을 잡지 못한 장기 미제 사건으로 남았었는데 이후 DNA 감식 기술이 계속 발달하면서 33년 만에 연쇄 살인 사건의 용의자가 검거되었다. DNA 감식 기술로 장기 미제 사건을 해결한 가장 인상적인 사건이라고 할 수 있다. 어떻게 40년가량 세월이 지나서도 유전자 감식이 가능할 수 있었을까?

연쇄 살인 사건으로 숨진 여성 피해자 10명의 유류품 가운데 1987년 1월 숨진 다섯 번째 피해자의 청바지, 1988년 9월 숨진 일곱 번째 피해자와 1990년 11월 숨진 아홉 번째 피해자의 속옷 등 6건의 현장 증거물에서 공통된 한 남성의 DNA가 검출됐다. 이 남성의 DNA가 1994년 청주 처제 강간·살인 사건 피의자로 부산교도소에서 수감 중인 무기징역수와 일치했고 본인의 자백으로 범인이 밝혀졌다. 오랜 시간이 지난 증거물에 묻은 극히 적은 DNA 흔적만으로 용의자 신원을 확인할 수 있었다. DNA는 백골 상태의 오래된 뼈에서도 채취가 가능해 사건의 발생 기간에 구애받지 않는다는 장점이 있다.

땀 한 방울로 가능한 유전자 감식

DNA 분석 기술이 발달하기 전에는 정확한 분석 결과를 얻으려면 땀이나 침, 정액, 혈액을 일정량 이상 확보해야 가능했다. 하지만 지금은 DNA 추출 기술과 분석 기법 발달로 체액 흔적만으로 DNA 감식이 가능해졌다. 분석에 필요한 DNA 요구량은 계속해서 줄어들고 있다. 범죄 당시 피해자의 소지품 등에 묻은 범인의 땀에도 극미량의 세포와 DNA는 남아있게 마련이며 세포는 생리 활성이 떨어진 상태로도 수십, 수백 년 이상 보존될 수 있다. 그렇다면 어떻게 유전자 감식이 가능한 걸까?

DNA 분석으로 신원 확인을 할 때는 DNA 중에서도 'GTAGTAGTA'처럼 비암호화 영역에 존재하는 짧은 연쇄 반복STR을 활용한다. 사람마다 특정 STR 부위 안에서 반복적으로 나타나는 단위 염기 개수가 달라 서로 다른 여러 STR 부위의 단위 염기 반복 숫자를 조합하면 개인을 식별할 수 있다. 가령 같은 STR 부위에서 어떤 사람은 'GTA'가 일곱 번 나타나고 어떤 사람은 여덟 번 나타난다. 국과수는 2017년 말부터 STR 조합 부위를 20곳으로 늘려 각 부위를 이루는 단위 염기 개수 20가지 조합을 개인 식별 코드로 사용하고 있다.

세계에서 인정받은 한국 DNA 감식 기술

2006년 서울의 한 빌라에서 갓난아이 시신 2구가 얼어붙은 채 베란다 냉동고에서 발견된 사건이 있었다. 신고자는 외국계 회사 엔지니어인 A씨였다. A씨는 가족과 함께 두 달 예정으로 외국으로 휴가를 떠났다가 회의 참석차 혼자 입국해 시신을 발견했다고 경찰에 진술했다. 경찰은 집주인 A씨를 의심하지는 않았다. 발견과 신고를 한 당사자였고, 부인과 두 아들을 둔 가장에 외국계 자동차 부품회사의 임원인 만큼 신분도 확실했기 때문이다. 빈집을 봐주기로 했던 집주인의 친구와 가정부를 용의선상에 두고 그들의 행방을 찾는 데 주력했다.

형식상 절차로 경찰은 두 갓난아이 검체와 A씨의 타액 및 모발을 채취해 국립과학수사연구소에 DNA 감식을 의뢰했다. 국과수 유전자 감식팀은 두 아이의 혈액과 뼈를 검사했고 A씨의 구강 내벽 세포와 모발을 받아 DNA 검사에 들어갔다. DNA 검사 결과는 충격적이었다. DNA 검사에 사용하는 STR

마커로 검사한 결과에서 두 아이의 DNA가 A씨와 일치했다. 이후 Y-STR 마커를 이용하여 동일 부계 DNA 검사법으로 분석한 결과 17개 마커 모두가 두 아이와 A씨가 정확히 일치했다. 두 아이의 아버지는 A씨였다. 또한 동일 모계 DNA 검사법인 미토콘드리아 DNAmt DNA를 감식한 결과에서 두 아이의 어머니가 같은 것으로 판명되었다. 즉, 같은 어머니로부터 태어난 이란성 쌍둥이인 것이 확인된 것이다.

해외에 있는 용의자의 DNA를 밝히다

유전자 검사를 통해 A씨가 쌍둥이의 아버지인 것을 확인한 경찰은 쌍둥이의 어머니가 누구인지도 밝혀내야 했다. 그러나 A씨의 부인은 프랑스에 체류하고 있어 검체를 제공하지 않았기 때문에 A씨의 주변 인물을 검사했지만 유전자가 일치하는 사람은 없었다. 수사 선상에 오른 A씨 부인의 DNA 분석을 위해 집에 있는 칫솔, 빗, 귀이개 등 생활용품을 수거해서 DNA를 채취했더니 살해당한 아이들의 유전자와 일치했다. 하지만 최종적으로 이 사건을 종결하기 위해서는 생활용품에서 얻은 DNA가 A씨 부인의 물건임을 밝혀내야만 했다. 하지만 프랑스에 체류 중인 부인은 여전히 검체 제공을 거부해 수사가 난항을 겪었다.

수사팀은 A씨의 부인이 국내 병원에서 수술받은 사실이 있다는 것을 알아내 병원에 인체 조직이 남아있는지 확인했다. 그 결과 수술한 병원에 암세포 검사에 사용했던 현미경 조사용 슬라이드가 남아있었고 슬라이드에 밀착된 조직에서 검사에 필요한 DNA를 회수할 수 있었다. DNA 감식 결과 생활용품에서 얻은 것과 정확하게 일치했다. 아이들의 어머니가 A씨의 부인인 것을 DNA로 밝혀낸 것이다.

냉동고에 유기된 두 갓난아기는 집주인 부부 사이에 태어난 아이라는 사실을 최종적으로 확인했다. 프랑스 수사기관에서 같은 자료를 조사해 DNA 결과가 일치됨을 확인하고서야 부부는 체포되었다. 이 사건은 임신거부증이라는 정신질환을 앓고 있던 부인이 혼자 저지른 범행임이 밝혀져 큰 화제가 되었다. 다른 이유보다 이 사건이 중요한 것은 우리나라 과학수사의 정확성을 입증한 대표적인 사례이기 때문이다.

제2장

유전자 변이는
왜 생기는 걸까?

1
인간은 슈퍼 돌연변이다

2000년에 개봉한 영화 〈엑스맨〉 시리즈는 유전자 변이로 태어나 비범한 감각과 능력을 지닌 돌연변이가 주인공으로 등장한다. 어떤 상처도 금방 아무는 불사신, 온몸이 다이아몬드로 변하거나 남의 생각을 읽기도 하는 초능력을 가진 돌연변이가 주인공이다. 영화 속 돌연변이들은 생김새부터 가진 능력까지 누가 봐도 인간과 다른 특출한 능력을 지닌 것처럼 묘사된다. 영화 속 주인공들처럼 남다른 능력을 갖진 않았지만, 우리도 각 개인 모두가 돌연변이인 것은 사실이다.

유전학과 생명공학의 발달로 우리는 인간과 침팬지의 유전자가 단 1%만 다르며, 현생 인류인 호모 사피엔스가 영장류의 돌연변이임을 알게 되었다. 다시 말해 돌연변이가 인간 진화의 핵심 요소라는 것이다. 그렇다면 무엇이 어떻게 유전되며 돌연변이는 어떻게 생기는 것인지 자세히 알아볼 필요가 있다. 유전법칙만으로는 설명할 수 없는 유전적 변형인 돌연변이는 유전자의 실수일까 축복일까?

100% 똑같은 유전자는 없다

지구상의 모든 생물 중에 유전적으로 똑같은 건 존재하지 않는다. 일란성 쌍둥이마저도 DNA는 100% 똑같지 않다. 왜 유전적으로 같은 개체는 없는 걸까? 모든 생물은 정세포(정자)와 난세포(난자)가 합쳐진 하나의 세포에서 출발해 그 생물종의 특색을 지닌 단일 개체로 성장한다. 즉 수정한 한 개의 세포에서 수십조 개의 세포로 분열해 결국 하나의 성체가 된다. 그 결과 사람은 성인이 되었을 때 약 70조 개의 세포로 구성된다.

생명의 비밀을 풀 열쇠, DNA 이중나선 구조의 발견

세포 속 중요 구성요소인 핵산Nucleic Acid은 생명체에 중요한 역할을 하는 화학 물질이다. 우리 몸의 유전 정보를 담고 있는 DNA와 RNARibonucleic Acid는 모두 핵산으로 이뤄져 있다. DNA는 유전 정보를 저장하는 역할을 하고, RNA는 DNA의 정보를 전달해 단백질 합성에 관여한다. 세포가 증식한다는 것은 세포 분열을 통해 하나에서 둘로, 둘에서 넷으로 세포 수가 기하급수로 증가하는 것을 말하는데 이 과정은 매우 섬세하고 복잡한 경로를 거친다.

세포가 증식하려면 먼저 세포 내에 있는 모든 구성 물질이 똑같이 둘로 나뉘어야 한다. 세포가 나눠지기 위해서는 세포 내의 모든 물질이 두 배가 돼야 하므로 가장 기본적인 DNA가 먼저 복제되어 두 배로 늘어나게 된다. 기본 물질인 DNA와 RNA는 복제하는 과정을 거치면서 아주 희박한 확률이지만 잘못 되는 경우가 발생하는데 이것이 유전적으로 곧바로 표현되기도 하고 잠재되어 다음 세대로 전달되기도 한다.

생물은 본래 유전 정보를 고스란히 똑같이 후대에 넘겨주려는 DNA의 본능을 지니고 있지만 복제하는 과정이 간단하지는 않다. 염색체는 현미경으로 천 배 이상 확대해야 겨우 볼 수 있을 정도로 작지만, DNA 가닥을 펼쳐 놓으면

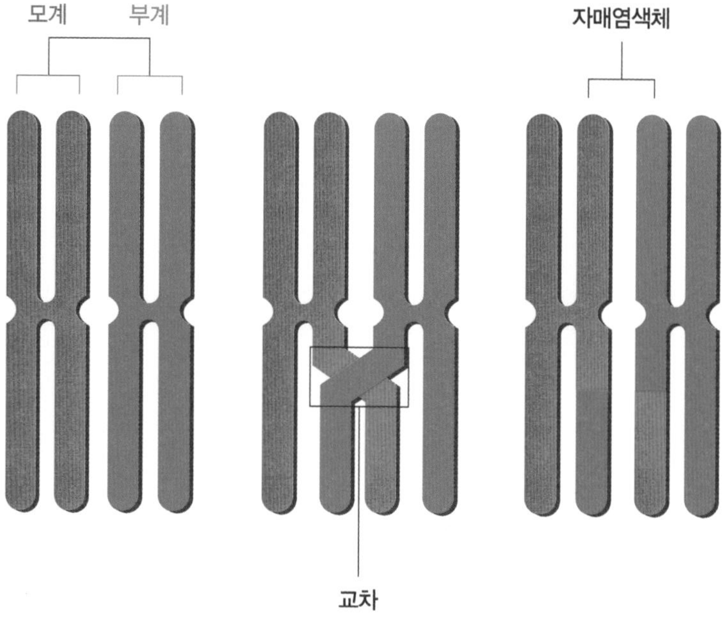

염색체 교차chiasma 현상

길이가 2미터나 된다. DNA 가닥은 암수의 것이 실타래처럼 꼬였다가 풀리는 과정을 거치는데 이때 DNA의 염기가 바뀌거나 염색체 이상이 생긴다. 이런 현상을 염색체 교차 또는 키아스마Chiasma라고 부른다.

염색체 교차는 이전에 없었던 암수의 유전자 교환 방식으로 돌연변이가 발생하는 원인이 된다. 정상적인 세포 분열을 했다면 멘델의 유전법칙으로 해석할 때 후대는 암수가 가지고 있던 형질들이 각각 분리되어 우성 유전자만 합쳐진 상태가 된다. 그러나 염색체 교차를 통한 유전자 교환은 멘델의 유전법칙에 적용되지 않는 '돌연변이'라고 할 수 있다.

진화는 유전변이로 진행된다

DNA 염기서열은 DNA 복제 과정이나 감수분열에서 방사선, 바이러스, 트랜스포존Transposon 그리고 화학 물질에 의해 유전변이를 일으킬 수 있다. 유전변이 발생 빈도는 생물종에 따라 다르다. 특정 바이러스 종들은 돌연변이 발생 비율이 높아 몇 세대 후에는 다양한 변이종이 탄생하기도 한다. 이렇게 탄생한 돌연변이종 바이러스는 사람의 면역체계를 무력화시킬 수 있어 바이러스성 질병에 대처하는 게 어려워진다.

유전변이의 대표적인 사례로는 염기 치환, 유전자 결실, 유전자 중복 등이 있다. 유전자는 대부분 염색체의 동일 위치에 자리하고 있는데 이런 성질을 '상동성'이라 한다. 원본 DNA가 복제되는 과정에서 발생하는 유전자 결실이나 유전자 중복은 상동성을 무너뜨려 유전자 변이가 일어나 결국 유전자가 다른 기능을 하도록 만든다. 유전변이로 새롭게 형성된 DNA 염기서열은 단백질 구성 순서도 변화시킨다. 그 결과 원본 DNA와는 다른 단백질 구성을 가져 새로운 형질로 발현한다.

대부분의 유전변이는 무작위로 발생하기 때문에 생명체에게 이롭게 작용하는 형질은 자연선택에 의해 살아남고, 불리한 형질은 도태되는데 진화는 이런 과정이 누적되어 이루어진다. 만약 인간이 이런 형질을 인위적으로 선택하면 품종 개량이 이뤄져 하나의 새로운 품종이 만들어지게 된다.

우열의 법칙을 따르는 유전자

유성생식을 하는 생물의 생식세포는 감수분열을 통해 생성된다. 정자는 한 개의 정원세포에서 감수분열을 거쳐 4개의 정자가 되고 난자는 한 개의 난원세포에서 한 개의 난자만 만들고 3개의 세포는 퇴화해 버린다. 그 결과 자식 세대로 전달되는 유전자는 부모로부터 각각 한 쪽씩 물려받아 상동성을 띠고 동시에 서로 다른 유전자를 가짐으로써 유전자 다양성이 발현된다.

그렇다면 부모의 유전자는 모두 다 자식 세대로 전달되는 걸까? 반드시 그렇지는 않다. 유전법칙에는 우열의 법칙이 있다. 유전자가 어떤 형질을 나타내기 위해 특정 단백질이 필요한 경우 그 단백질을 만드는 유전자가 있으면 우성, 없으면 열성이라고 한다. 여기서 우성과 열성은 발현의 차이를 뜻한다. 우성은 발현되어 나타나는 성질, 열성은 발현이 잠겨있어 나타나지 않는 성질을 가진 유전자라고 보면 된다.

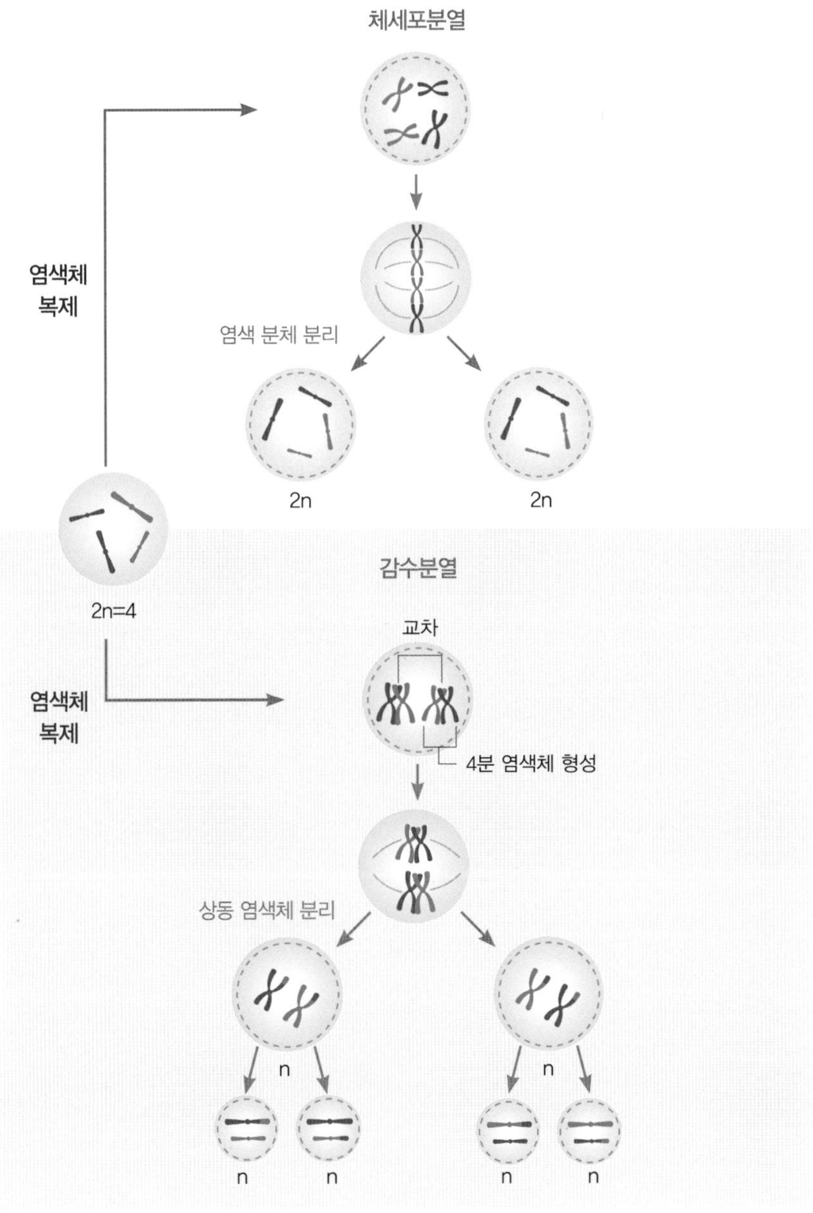

체세포분열과 감수분열의 모식도

보조개 역시 보조개를 만드는 우성 유전자와 그렇지 않은 열성 유전자로 유전되어 결정된다. 부모 중 한 명만 보조개가 있다면 자식들의 볼에는 보조개가 있거나 없을 뿐 중간형의 보조개가 나타나지는 않는다. 흔히 우성 유전자를 임의의 영어 대문자로, 열성 유전자를 소문자로 표현한다. 따라서 보조개가 없는 아버지(a)와 보조개가 있는 어머니(A)로부터 태어난 자식(Aa)의 볼

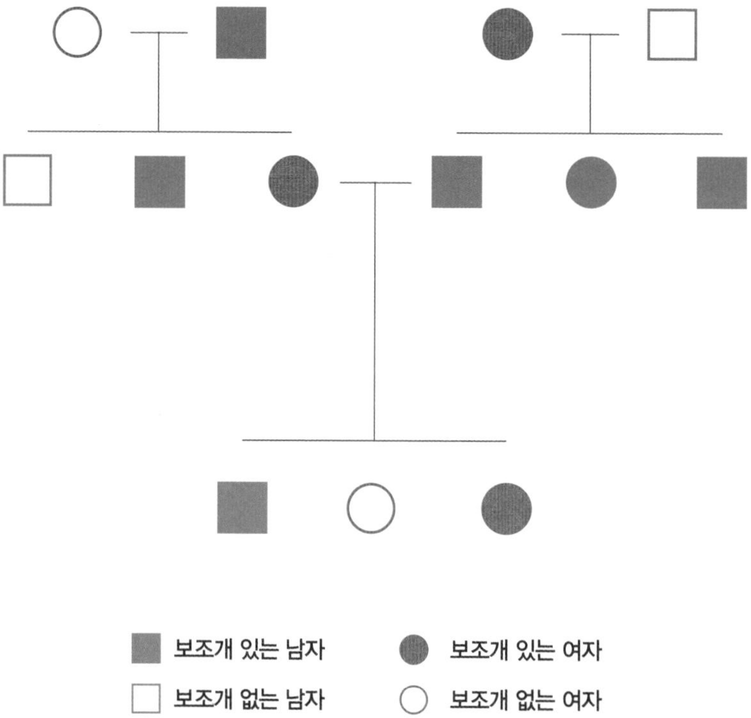

보조개의 유전 양식

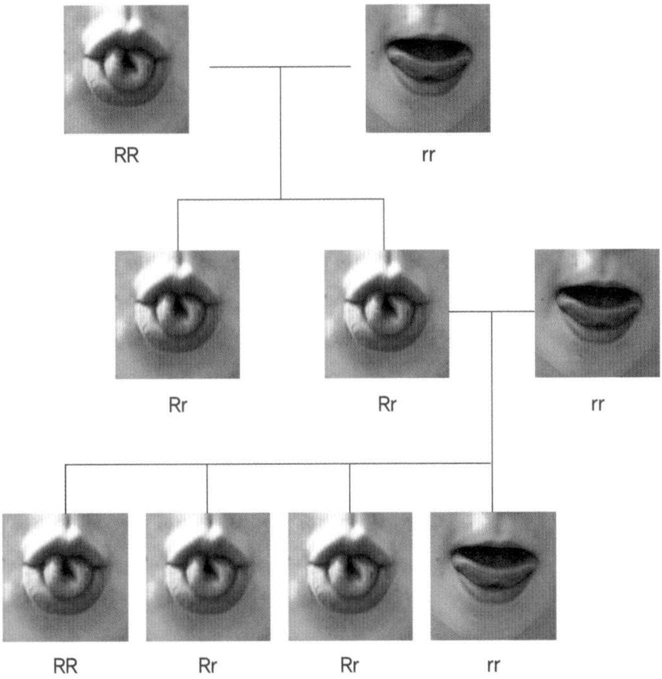

혀 말기 유전 양식

에는 보조개가 생긴다.

그리고 혀가 말리는 사람과 그렇지 않은 사람 역시 유전자의 우열의 법칙을 따라 결정된다. 사람의 혀 말기 유전에서 유전자 짝을 이루는 상동 염색체의 우성 유전자 R이 혀 말기가 가능한 유전자이고, 열성 유전자 r이 혀 말기가 불가능한 유전자다. 이 둘이 합쳐져 Rr이 되면 우열의 법칙에 따라 혀 말기가 가능하다. 곱슬머리와 생머리의 경우 곱슬머리가 우성, 생머리가 열성으로 알려져 있고 오른손잡이가 우성, 왼손잡이가 열성으로 알려져 있다.

하지만 실제로 인간의 유전 메커니즘은 이렇게 단순하지 않다. 키, 몸무게, 피부색, 얼굴 모양, 지능, 모발 상태와 같은 다양한 형질을 결정짓는 각각의 유전자는 모두 나름의 복잡한 메커니즘을 통해 기능을 발휘한다. 이 중에는 보조개나 혀 말기처럼 뚜렷하게 두 가지 형질로 구분되지 않는 경우도 많다. 또 인간이 자라나는 환경에 따라 유전자의 구조와 기능은 변한다. 그래서 태어날 때 보조개를 만드는 유전자를 가졌어도 끝내 얼굴에 보조개가 나타나지 않을 수도 있다.

돌연변이의 발견

돌연변이는 네덜란드의 식물학자이자 유전학자인 휘호 마리 더프리스Hugo Marie de Vries에 의해 처음 발견되었다. 더프리스는 1900년에 달개비의 교잡 실험을 통해 멘델의 유전법칙을 재발견한 세 명 중 한 사람이다. 그 이듬해인 1901년, 더프리스는 큰달맞이꽃의 교잡 실험에서 진화의 요인이 돌연변이에 있다는 가설을 발표했다.

허먼 멀러Hermann Muller는 1927년 X선을 초파리에 쏴 인위적으로 돌연변이를 만든 최초의 과학자다. 그 당시 멀러는 모든 돌연변이가 생존에 불리한 존재라고 생각했다. 그러나 오랫동안 연구한 결과, 돌연변이는 생존의 유불리를 따지지 않고 발생한다는 것이 밝혀졌다. 멀러가 생각한 것처럼 모든 돌연변이가 생존에 불리하지 않기 때문에 생존에 불리한 돌연변이는 도태되고, 유리한 것은 살아남아 자연스럽게 진화의 근원이 된다.

유전자 풀과 진화

진화란 한 생물종의 집단이 공유하고 있는 '유전자 풀Gene Pool'을 한 세대에서 다음 세대로 물려주는 동안 그 안에서 대립 형질 발현이 변화되는 것을 뜻한다. 나방의 경우 대립 형질인 흰색과 검은색의 발현 비율을 예로 들 수 있

나방의 색 변이

다. 만약 어느 지역에 서식하고 있는 나방 집단이 처음에는 흰색이 많고 검은색이 적었는데 환경 변화로 검은색 나방의 발현이 점점 더 많아져 결국 어느 순간 검은색 나방 집단이 되었다고 가정해보자. 그렇다면 나방 집단의 유전자 풀은 검은색 나방 집단으로 변화된 것이다. 흰색 나방에서 검은색 나방으로의 변화는 돌연변이지만 유전자 풀을 바꾸는 것은 자연선택에 의한 것이다. 진화는 이와 같은 유전자 풀의 변화로 진행된다.

'하디 바인베르크Hardy-Weinberg 법칙'은 진화를 집단유전학의 평형설로 설명하고 있다. 충분히 큰 집단의 유전자 풀에서 대립 형질의 발현이 유전자 재배열에 의해서만 일어날 때 그 집단의 대립 형질 발현 빈도는 평형을 유지한다는 것이다. 즉, 한 종의 생물군이 세대를 거듭하더라도 원래의 유전자 구성 비율이 변하지 않는다는 것이다. 평형설 조건은 ①무작위 교배가 이루어져야 한다, ②집단이 매우 커야 한다, ③돌연변이나 이주가 없어야 한다, ④자연선택이 작용하지 않아야 한다, ⑤집단 간의 유전자 흐름이 없어야 한다는 것이다. 다섯 가지 조건이 따르는데 그중에서도 '돌연변이나 이주가 없어야 한다'라는 조건에 주목할 필요가 있다.

자연계에서는 환경의 영향을 비롯한 수많은 요인들이 대립 형질의 발현을 변화시킬 수 있는 원인이 된다. 세포 분열, 특히 감수분열 과정에서 유전자 변이는 필연적이기 때문에 '돌연변이나 이주가 없어야 한다'는 조건 성립은 불가능하다. 장기적으로 봤을 때 유전자 풀의 변화는 불가피한 자연현상이다. 따라서 멘델의 유전법칙대로만 세대가 거듭 이어진다면 집단의 유전자 풀은 하디 바인베르크의 평형설과 같이 유전자 풀은 변화가 없어야 한다. 그러나 현실에서는 대부분 생물체의 유전자 구성 비율이 점진적으로 변화하고 있다. 자연 상태에서는 집단의 유전자 풀의 변화가 발생하면서 진화가 일어난다는 의미다.

영장류가 호모 사피엔스로 진화하기까지

인간과 동물의 DNA는 70% 이상 같다. 결정적인 차이는 염색체의 역위 여부다. 인간은 4번 염색체에 역위가 일어난 염색체를 가지고 있으나 침팬지, 고릴라, 오랑우탄은 4번 염색체에 역위가 없다. 염색체의 역위는 돌연변이에 해당한다. 침팬지, 고릴라, 오랑우탄의 염색체는 48개로 인간의 46개보다 많다.

그림은 인류 진화의 역사를 살펴본 것이다. 영장류에서 오랑우탄은 1천200만 년 전에 분리되었고, 다음으로 800만 년 전에 고릴라가 분리되었으며, 인간과 가장 가까운 침팬지는 700만 년 전에 돌연변이 유전자(Neu5Ac)에 의해 분화되었다. 침팬지와 인간의 DNA 차이는 1.3%에 불과하다. 최근 유전체 분석에 따르면 원숭이류의 염색체 48개 중 12번과 13번이 합쳐져 인간의 2번 염색체가 된 것으로 밝혀져 인간만 염색체 수가 다른 이유가 설명되었다.

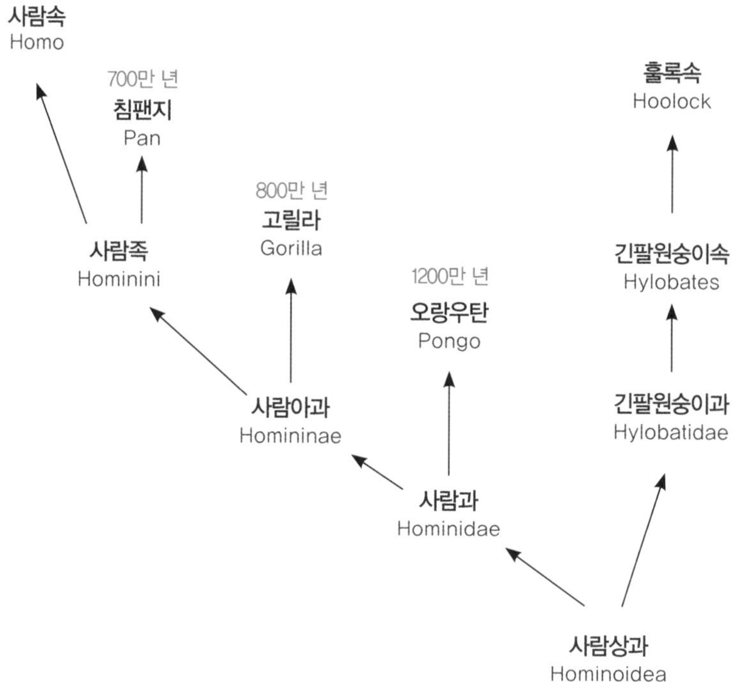

현대인류의 진화와 유인원과의 분리과정

영장류를 비롯한 포유류는 세포 표면에 Neu5Gc라는 당분자를 가지지만, 인류만 Neu5Ac라는 다른 당분자를 지니고 있다. Neu5Ac에서 Neu5Gc를 만드는 효소 유전자에 돌연변이가 생겼기 때문이다. 두 분자는 DNA와 RNA처럼 차이가 미미해 아래 그림처럼 Neu5Ac 분자 말단의 수소H가 수산기OH로 바뀌면 Neu5Gc가 된다.

침팬지의 당분자 Neu5Ge

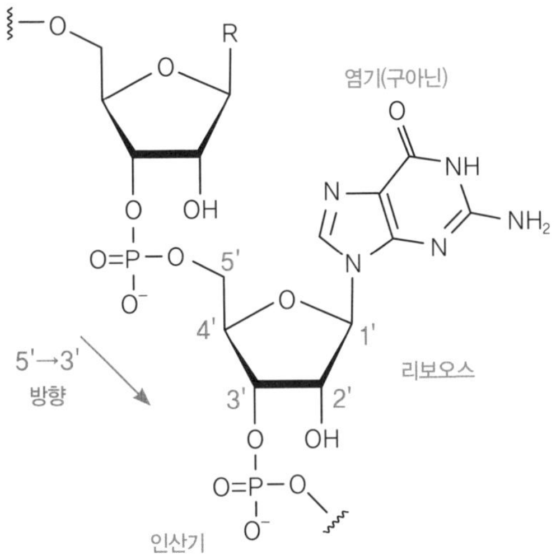

사람의 당분자 Neu5Ac

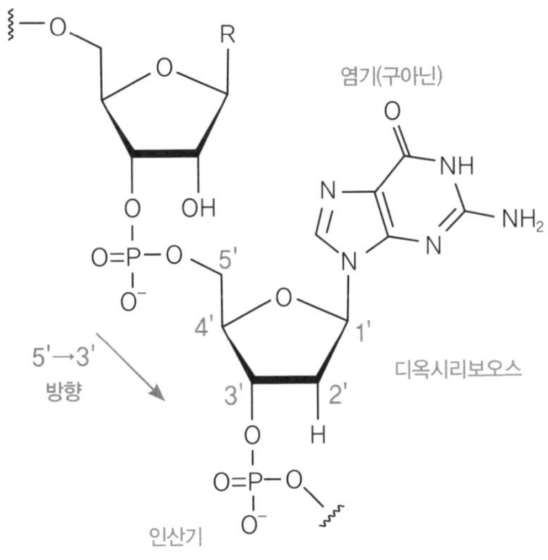

사람과 침팬지의 DNA 차이를 만드는 당분자

이종 교배로 탄생한 호모 사피엔스

약 390만 년 전 최초의 인류라 불리는 오스트랄로피테쿠스의 등장 이후, 인류는 계속 진화를 거듭했다. 그러다 20만 년 전 현생 인류의 직접적인 조상으로 여겨지는 호모 사피엔스가 등장한다. 호모 사피엔스의 기원과 확산을 설명하는 학설 중 20만 년 전 아프리카에서 출연해 점차 대륙으로 이동하면서 진화를 거쳐 여러 인종과 민족으로 분리되었다는 게 지배적이었다. 그러나 최근 들어 새로운 화석이 발견되고, 고인류의 유전체를 분석하는 기법들이 발전하면서 인류의 기원과 진화 역사를 설명하는 주류 학설이 바뀌고 있다. 이런 변화의 원인은 새로 발견한 화석 조각들과 혁신적으로 발전한 염기 서열 분석 기법 덕분에 가능했다. 발견된 화석들은 네안데르탈인 화석과, 최근 발견된 시베리아 지역의 데니소바인 화석이다.

네안데르탈인과 데니소바인 화석에서 각각 추출한 소량의 DNA를 분석한 최근 연구 결과는 충격적이었다. 분석 결과 현대사회의 일부 지역 인구집단 게놈에서 고인류의 DNA가 1~5%가량 잔존하고 있다는 게 밝혀졌다. 이는 현생 인류가 아프리카에서 출현해 다른 대륙으로 확산하는 과정에서 네안데르탈인과 데니소바인이 짝짓기로 유전자를 교환했다는 것을 의미한다. 네안데르탈인은 온화한 기후를 선호하고, 데니소바인은 추운 기후를 선호해 각자의 거주지역에서 만날 기회가 거의 없었다. 하지만 빙하기에서 간빙기로 이어지는 기후 변화로 거주지 이동이 시작되었고 이들의 만남이 가능해졌다는 것이다.

이 연구 결과로 현생 인류가 아프리카에서 나와 호모 사피엔스만의 고유한 유전체를 유지하며 여러 인종으로 분화했을 것이라는 기존의 학설이 위협받게 되었다. 더불어 현생 인류의 진화가 예상보다 훨씬 복잡했을 것이라는 해석도 가능해졌다.

'인류는 누구이며 어디에서 왔는가?'라는 질문의 답을 찾기 위해 지금까지 과학자들은 다방면으로 노력해왔다. 희귀 화석 표본과 발전한 DNA의 유전적 분석 기술을 통해 신인류의 명확한 탄생의 이유를 찾아내고 있다.

인간만 가진 언어 구사 능력

인간은 유일하게 언어를 구사하는 동물이고, 인간 사회에서 언어는 의사소통의 기본 도구이다. 언어는 사람과 사람을 이어주는 다리이자 마음의 소리를 표현하는 도구다. 그렇다면 왜 오직 인간만이 언어를 구사할 수 있을까?

린네식 생물분류법으로는 인간과 가장 가까운 동물을 고릴라로 분류해왔지만, DNA 분석 결과 침팬지가 인간과 더 가까운 것으로 판명됐다. 인간과 침팬지의 유전자 구조는 무려 98.75%나 같지만, 나타나는 차이는 어마어마하다. 일례로 인간은 자기 의사를 소리 내어 유창하게 대화하지만 침팬지는 아무리 훈련받아도 극히 제한된 단어만 발음할 수 있다. 그렇다면 1%의 차이가 무엇이기에 사람과 침팬지를 전혀 다른 운명의 길로 갈라놓았을까?

돌연변이 언어 유전자를 밝혀내다

과학자들의 노력으로 최근 그 1% 차이의 수수께끼가 조금씩 풀리고 있다. 그중 대표적인 것이 바로 'FOXP2(폭스피2)' 언어 유전자다. 인간은 FOXP2라는 언어 유전자를 갖고 있는데 이 유전자가 오랜 진화 과정에서 돌연변이를 일으켜 정교한 언어 구사 능력을 갖추게 된 것이다. 그런데 FOXP2는 인간뿐만 아니라 다른 포유동물도 가지고 있어서 의문이 생긴다. FOXP2 유전자가 언어 구사에 중요한 역할을 하지만 인간을 제외한 포유동물이 말을 못하는 건 왜일까?

독일 막스 플랑크 진화 인류학 연구소와 영국 옥스퍼드 대학 연구진은 이 유전자를 집중적으로 연구하기 시작했다. 연구진은 인간의 FOXP2 유전자에서 중요한 변화가 생겨 침팬지나 다른 동물과는 다른 독특한 언어 구사 능력을 갖추게 된 걸 확인했다. 사람과 침팬지의 FOXP2 유전자를 비교했을 때 아주 미세한 염기서열 차이를 보이는데 이것이 바로 FOXP2 유전자에 돌연변이가 나타난 것을 의미한다.

모두 715개의 아미노산 분자로 구성된 FOXP2 유전자는 쥐와는 세 개, 침팬지와는 단지 두 개의 분자 구조만 다르다. 이런 미세한 차이가 단백질의 모양을 변화시켜 얼굴과 목, 음성기관의 움직임을 통제하는 뇌 일부가 훨씬 복잡하게 형성됨에 따라 인간과 동물의 능력에 엄청난 차이가 발생한다. 인간은 언어 유전자 FOXP2에서 2개의 아미노산이 돌연변이를 일으켜 혀와 성대, 입을 매우 정교하게 움직여 복잡한 발음을 할 수 있는 능력을 얻게 되었다. 두 개의 변이를 제외하면 인간과 다른 동물의 FOXP2는 거의 똑같다.

이런 돌연변이가 발생한 순간은 현생 인류인 호모 사피엔스가 출현한 시기와 일치한다. FOXP2의 돌연변이는 20만~12만 년 전에 처음 일어났다. 진화 과정 후기인 2만~1만 년 전에 인간이 가진 유전자 형태로의 변형은 완성되었고 빠른 속도로 전파되었다. 인간만이 FOXP2 유전자의 급속한 진화를 거쳐 지난 20만 년 동안 언어가 발달한 것으로 보인다. 인간이 FOXP2의 돌연변이로 언어 능력을 얻게 되었다는 연구 결과는 해부학적으로 볼 때 현생 인류의 등장이 20만 년 전이라는 고고인류학 연구와도 일치한다. 참고로 FOXP2 유전자에 이상이 있는 사람은 말하기와 문맥에 맞는 의사소통 능력 등에서 심각한 언어 장애를 겪는다.

2
살아남은 유전자 이야기

무리를 떠나는 수컷

찰스 다윈Charles Robert Darwin은 "살아남는 것은 가장 힘센 종도 가장 영리한 종도 아니고 변화에 가장 잘 대처하는 종이다."라고 말했다. 다윈의 말처럼 우리 유전자 역시 생존에 유리하도록 점점 발달하고 있다. 유전자가 스스로를 표현하는 방식은 환경에 따라 달라진다. 동물의 털은 추운 환경에 적응해 보온 기능이 더해졌고, 식물의 잎은 더 많은 햇빛을 흡수하기 위해 넓은 표면을 갖게 되었다. 반면 인간의 선택으로 인위적으로 변하기도 했다. 유전자는 진화와 적응의 역사를 통해 생물의 다양성과 복잡성을 갖춰오고 있다. 그렇다면 어떤 유전자가 살아남은 것일까?

많은 수컷 동물은 성장하면 원래의 무리를 떠나 다른 무리에 합류한다. 인간도 방랑자 성향을 지니고 있어 자신이 생활하던 곳에서 멀리 떨어진 다른 곳으로 이동하려는 본능이 있다. 다윈이 250톤에 불과한 비글호를 타고 대서양과 태평양, 인도양의 험난한 바다를 건너 미지의 대륙에 상륙한 것은 섬나라인 영국의 한계를 벗어나려는 방랑의 본능이 작용했기 때문일 것이다.

불과 100년 전만 해도 대륙의 오지에 거주하는 원주민 중에는 외지인이 찾아오면 외지인과 추장의 아내가 동침하도록 하는 관습이 있었다. 식물도 예외는 아니다. 식물은 자기 꽃가루를 받지 않고 다른 식물의 꽃가루를 수용하는 '타화 수정'을 한다. 이 모든 게 유전자 이동을 설명하는 예시 중 하나이다. 같은 집단 내의 유전자 결합은 유전적 다양성이 낮아 변화하는 환경에 적응하기 어렵기 때문에 지리적으로 먼 집단의 이질적인 유전자와 결합해 적응 능력을 높이려고 했다.

다윈이 갈라파고스 제도에서 발견한 것은?

집단에 새로 들어온 개체는 그 집단의 유전자 풀에 변화를 불러오고 대립 형질을 바꾼다. 동일 종의 집단이었던 두 집단이 서로 다른 환경에서 장기간 생활하면 유전자 풀은 변화해 결국 서로 다른 종으로 분화된다. 유전자 이동을 막는 격리의 원인으로는 산맥, 바다와 같은 지리적 요인이 있다.

다윈이 갈라파고스 제도에서 여러 가지 다른 생김새의 핀치새를 보게 된 것도 바로 지리적 요인 때문이다. 약 170년 전 다윈은 비글호 탐사 과정에서 갈라파고스 제도에 사는 핀치새들을 조사하게 되었다. 이때 핀치새들이 다 같은 조상에서 유래했지만, 서식지의 먹이 종류에 따라 서로 다른 모양의 부리를 갖게 된 사실을 발견했다. 1859년 다윈은 이 관찰을 토대로 생물은 시간이 지나면서 각자의 자연환경에 맞게 적응해 진화한다는 주장을 담은 〈종의 기원〉을 저술하게 된다.

최근 스웨덴 웁살라 대학의 리프 안데르손Lief Andersson 교수는 핀치새 13종, 120마리의 유전자를 분석해 'ALX1'이라는 유전자 염기서열의 배치 순서가 부리 모양을 결정한다는 것을 알아냈다. 연구팀은 핀치새가 한 조상에서 나왔으며 약 90만 년 전부터 부리의 모양이 달라지고 여러 종류로 진화했

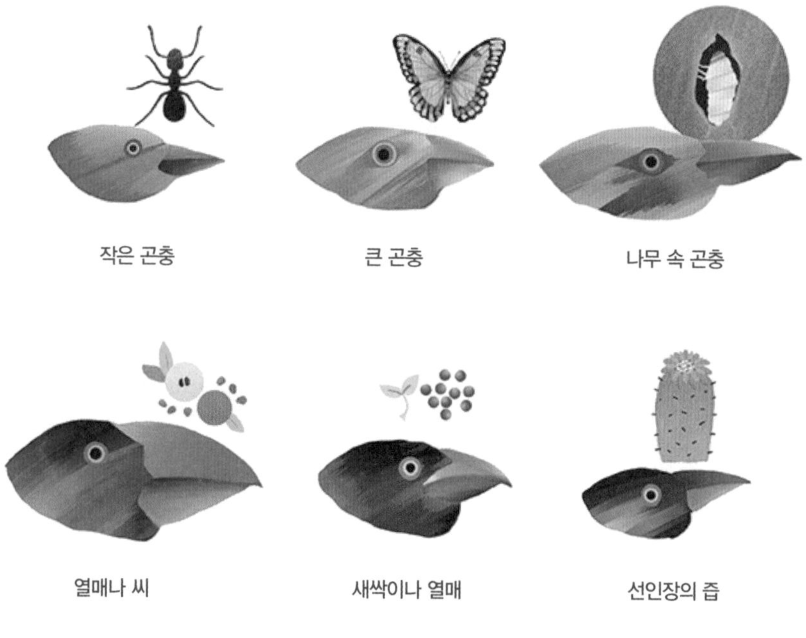

고립된 섬의 먹이 환경에 따른 새 부리의 차이

다는 점도 밝혔다. 핀치새의 부리가 여러 종류로 진화하게 된 이유는 고립된 섬의 다른 먹이 때문으로 곤충, 씨앗, 선인장, 과일 등 먹이에 따라 네 종류로 나뉘었기 때문이다. 고립된 섬의 환경에 맞춰 생존에 유리한 부리로 형질이 변화된 새들끼리 짝짓기를 하면서 섬의 먹이 종류에 따라 점차 부리의 모양이 진화한 것이다. 다윈이 주장한 자연선택설을 뒷받침해주는 유전자 분석 결과다.

환경에 적응하기 쉽게 유전자의 형질이 변형된다

자연선택은 다윈이 〈종의 기원〉에서 처음 제창한 가설로, 환경에 적응하기 유리한 유전자가 다음 세대로 전달될 확률이 높다는 뜻이다. 결과적으로 적응

히말라야원숭이(왼쪽)와 아프리카침팬지(오른쪽)

능력이 좋은 유전 형질이 진화에 반영된다. 사진에서 보듯 히말라야원숭이와 아프리카침팬지의 겉모습은 많이 달라 보이지만 유전적으로는 7% 정도의 차이밖에 없다. 원숭이로 총칭되는 포유류 영장목인 두 종이 각기 다른 환경에서 선택된 형질의 결과이다. 이런 형질 변화 역시 자연이 만든 변이이자 자연이 그 환경에 적응할 수 있도록 선택한 결과이다.

자연선택에서는 적응도를 지표로 사용한다. 적응도는 각 집단의 이전 세대와 다음 세대의 개체수를 비교해 비율로 나타낸 것이다. 자연선택에서 적응도가 높으면 그 유전 형질은 정착하게 되지만, 적응도가 낮다면 해당 집단의 유전 형질은 도태되어 없어진다. 집단 내에서 어느 한 대립 형질의 적응도가 점차 높아지는 것은 다른 대립 형질들의 수가 줄어드는 것을 의미한다. 이러한 현상이 계속되면 결국 적응도가 높아진 대립 형질이 그 종의 대표 형질이 된다. 하지만 영원한 것은 없다. 환경이 변하면 유전 형질이 갖는 기득권은 없어지고 적응도 역시 변하게 된다.

진화는 결국 이런 식으로 진행된다. 지구상의 생물은 모두 진화의 산물이다. 우리 주변의 모든 생물, 모든 생명 현상은 40억 년이라는 아득히 긴 세월을 거치며 진화해온 것이다. 현재를 살아가는 생물 개체들은 자연선택 적응의 결과로 살아남았다. 살아남은 생물 개체들이 먹이를 찾고, 포식자를 피하는데 유리한 몸의 형태를 가지게 된 것 역시 적응의 모습 중 하나다. 즉, 진화란 생물이 살아가는 데 유리하도록 고착화된 유전 형질의 결과물이다. 생물들은 진화 과정에서 공생관계를 맺어 서로 협력하기도 한다. 반면 오랫동안 이루어진

분열성 선택의 결과로 하나의 종이 서로 교배될 수 없는 다른 종으로 분화되기도 한다.

진화는 발전이라는 착각

자연선택은 생물체가 여러 환경에서 잘 살아남아 번식할 수 있도록 하는 기능적인 장치를 만들어내는 기제인 것은 분명하다. 하지만 진화와 발전을 혼동해서는 안 된다. 진화가 꼭 더 나은 방향으로 나아가거나, 정해진 방향이 있는 것은 아니기 때문이다.

진화는 소규모 진화와 대규모 진화로 나뉘는데 소규모 진화는 개체의 유전자 수준에서 일어나는 현상이고, 대규모 진화는 종 전체의 멸종 혹은 종 분화를 의미한다. 진화의 복잡성 증가는 전체 생물체의 수가 증가하면서 나타나는 가시적인 효과일 뿐이며 원핵생물과 같은 단순한 형태의 생물들도 여전히 존재하고 있다. 전체 생물 유기체의 절반을 차지하는 미생물들이 여전히 작은 크기를 유지하면서 생존하고 있다는 사실은 진화의 방향이 일방적이지 않다는 것을 시사한다.

생물 탄생 이후 일반적인 생물 형태는 단세포 생물이며 오늘날까지도 이 사실에 변함은 없다. 구조가 복잡한 다세포 생물들은 변화를 쉽게 감지할 수 있어 진화 연구 대상으로 주목받아 왔다. 반대로 미생물은 진화 속도는 빠르지만, 진화의 결과를 쉽게 감지하기 어려워 상대적으로 과학계의 주목을 받지 못했었다. 그러나 오늘날에는 DNA 분석 기술이 발달하면서 미생물 진화 연구가 주목받게 되었고 활발하게 진행되고 있다.

개의 형태는 왜 이렇게 다양할까?

집에서 키우는 개는 가장 오래전에 가축화된 것으로 여겨지는 동물이다. 현대에도 고양이와 함께 대표적인 반려동물로 널리 사랑받고 있다. 국제축견연맹FCI에서는 지금까지 331 견종을 공인하고 있고 그중 176 견종을 등록해 기준을 정하고 있다. 전 세계적으로 약 4억 마리의 개가 있는 것으로 추정되고 있으며 개의 혈액형에는 여덟 종류가 있다고 밝혀졌다. 염색체는 일흔여덟 개(2n)로, 서른여덟 개의 상염색체와 한 쌍의 성염색체로 구성되고 같은 개속의 들개, 늑대류, 자칼류, 코요테류 등과도 같다. 종간 교배가 가능하며, 종간 교배로 탄생한 잡종은 생식 능력이 있지만 행동학적으로 생식 전에 격리가 일어나거나 지리적으로 격리되어 있다.

흔히 반려동물인 개가 야생 늑대에서 길들여진 동물이라고 알고 있다. 실제로 전 세계의 개 67종 140마리와 늑대 162마리를 대상으로 DNA를 연구했더니 단 1% 차이만 있는 걸로 나타났다. 개의 미토콘드리아 DNA를 조사한 결과, 개와 늑대가 분리된 시기는 13만 5천 년 전으로 밝혀졌다. 수컷 개의 Y염색체를 분석한 결과 인류가 처음 개를 기른 것은 양쯔강 이남 지역으로 확인된다. 일부에선 미토콘드리아 분석에 따라 지역에 대해 다른 의견을 주장하기도 한다. 개가 늑대에서 길들여진 것이 아니고 늑대 이전의 조상에서 분리되었다는 해석도 가능하다. 이 부분에 대해서는 좀 더 연구가 필요하다.

인간에 의한 돌연변이 품종이 생기다

기네스북 기록에 따르면, 세계에서 가장 큰 개는 1981년에 마스티프 종인 '조르바'로 무게가 142.7kg이었다. 반면 가장 작은 견종은 치와와로 무게가 800g 정도다. 개의 생태종이 150배 이상 무게 차이가 나게 된 것은 자연선택에 의해서는 불가능한 일이다. 개는 오랜 기간 인간의 취향에 맞게 통제되고 길들여지는 과정을 거쳤다. 인간에 의해 생식환경이 통제되면서 순수 혈통을 유지하기 위해 근친 교배가 이뤄졌고, 이것은 자연스럽게 지역 격리와 같은 효과를 불러와 여러 품종으로 분리된 것으로 보인다. 다윈이 갈라파고스제도 10여 개 섬에서 관찰한 핀치새가 섬 지역 격리로 인해 여러 종으로 나뉜 것과 같은 현상이 발생한 것이다. 각 섬에 정착한 핀치새는 그 수가 많지 않았을 것이므로 근친 교배가 불가피했을 것이다. 핀치새는 유전적으로 큰 차이는 없지만 유전자 조합만 다른 형태로 자연스럽게 분리되었다. 반면 개의 생태종이 지금처럼 많은 것은 인간의 개입이 있었기 때문이다. 이는 자연에서는 결코 있을 수 없는 현상이다.

푸들은 원래 사냥한 물오리를 호수에서 건져오는 수렵견이었다. 푸들의 둥글고 풍성한 털은 물에 뜨기 쉽도록 털을 관리해주던 것에서 비롯되었다. 세계 3대 애견협회인 미국 캔넬 클럽에 따르면, 푸들은 공식 견종으로 32kg에 달하

세계에서 가장 큰 개 조르바(왼쪽)와 가장 작은 견종 치와와(오른쪽)

는 대형 스탠더드 푸들, 5~9kg의 미니어처 푸들, 3kg 미만의 토이 푸들 등 체급이 다양하다. 토이 푸들은 반려견으로 우리 주변에서 흔히 볼 수 있다.

푸들은 명랑하고 다정하며 충성심 강한 성격이라 반려견으로 인기를 끌기 시작했고 털의 색이 일정한 개체를 얻기 위해 인간에 의해 근친 교배가 많이 이뤄졌다. 오랫동안 근친 교배를 거치면서 결국 푸들은 다양한 유전병을 대물림하게 된다. 1932년 설립된 아메리카 푸들 클럽PCA은 푸들이 앓는 안구질환, 피부질환, 관절질환 등 16가지 유전질환을 경고하고 유전공학적 해법을 연구 중이다. 가장 흔한 질환은 슬개골 탈골이다. 슬개골은 무릎 관절을 덮개처럼 감싸는 작은 뼈인데 덩치가 작게 개량된 미니어처 푸들의 유전적 결함에 의해 좌우로 탈골되는 경우가 많다.

이처럼 개들은 인간의 인위적인 격리 때문에 유전자의 작은 차이에도 불구하고 다양한 종으로 나뉘게 되었다. 단일 종 중 개만큼 다양한 형태를 지닌 동물은 없다. 형태적 차이뿐만 아니라 지능적 차이도 크다. 미래에는 인간의 목적에 따라 더욱 개량되어 지금보다 더 다양한 종류의 개가 등장할 것이다. 가령 지능이 훨씬 높은 개, 더 강력한 힘을 가진 썰매용 개, 유달리 후각이 발달한 개 등 다양한 맞춤형 돌연변이 개가 등장할 것으로 예상된다. 하지만 인간의 욕심 때문에 순종 유지를 고집해 유전병이 생겼다는 것을 기억해야 한다. 견종들이 가지고 있는 취약한 질병에 대해서도 신경 써서 개량이 이뤄져야 한다.

제3장

새로운 유전자 혁명

1
인간 DNA를 해독하다

게놈지도가 만들어지기까지

유전자가 주어진 역할과 기능을 적절히 수행할 때 생물은 자연스럽게 성장, 발달하면서 생명을 유지한다. DNA는 생물의 유전 정보를 담고 있는 분자로 생물의 형질과 특성을 결정하는 중요한 역할을 한다. 따라서 DNA 분자의 정보를 해석해 유전적 정보를 파악하는 과정은 생명과학에서 매우 중요한 연구 분야다. 초기에는 DNA의 일부 영역만을 분석할 수 있었지만, 최근에는 전체 유전체를 해독하는 방법이 개발되었다. 유전의 기본 단위가 되는 유전자부터 DNA, 염색체, 게놈까지 개념을 명확히 이해하고 비밀을 파헤치면 모든 생명 현상을 이해하고 수명 연장과 질병 예방에 도움이 될 것이다.

유전자지도는 모든 염색체 지도를 통칭하는 것으로 유전자Gene와 염색체Chromosome를 합성해 '게놈Genome'이라고 한다. 염색체는 유전물질(DNA

또는 RNA)이 단백질과 결합해 염색사 형태로 핵에 흩어져 있다가 분열기에 접어들면 염색사가 응축하면서 형성된다. 세포의 염색체를 관찰할 수 있는 기간은 매우 짧아 세포가 생장하고 분열하는 전 과정 중 대부분은 세포핵으로 관찰되고 분열기에만 염색체를 관찰할 수 있다.

염색체의 기본 구조는 뉴클레오솜Nucleosome으로 DNA가 8개의 히스톤 단백질을 감싸고 있는 형태다. 이 뉴클레오솜들이 쭉 연결된 것을 염색사라고 부르고, 분열하지 않은 세포 속에서는 실처럼 풀어진 상태로 존재한다. 그러다 세포가 분열할 때는 염색사가 코일처럼 꼬여서 우리가 흔히 보는 염색체의 형태로 바뀐다. 세포 분열 중기에 염색체는 단백질로 골격을 이루고, DNA는 고리 형태로 걸려있는 지름 0.6 마이크로미터의 염색분체를 형성한다. 길이가 2미터인 DNA가 2~10 마이크로미터 길이의 염색체에 들어가 있으려면 DNA 가닥이 얼마나 가늘어야 하는지 짐작이 된다.

고등생물의 염색체 수는 개체별로 다양한데, 염색체 수가 같아도 전혀 다른 동식물이 존재할 수 있다. 동물에게서는 많이 찾아볼 수 없지만, 식물에서 염색체 배수성 또는 전체 게놈 복제는 흔히 나타나는 진화의 결과다. 배수성이란 일반적으로 세포가 한 쌍의 염색체(2n)를 가지는 것과 다르게 3배수(3n)나 4배수(4n)의 염색체를 갖는 것을 의미한다. 우리가 많이 먹는 밀, 감자, 토마토 등과 같은 작물은 대부분 이런 배수성 돌연변이를 이용해 개량된 것이다.

밀, 면화, 그리고 유채와 같은 몇몇 작물들은 둘 또는 그 이상의 서로 다른 개체들의 교배로 게놈이 구성된 '이질배수성Allopolyploid'을 가지는 상태

종류	염색체 수	종류	염색체 수
개, 닭	78	목화	52
말	64	호박	48
노새	63	담배	48
당나귀	62	콩	40
소	60	벼	24
누에	56	수박	22
침팬지	48	강낭콩	22
사람	46	옥수수	20
토끼	44	배추	20
햄스터	44	무	18
흰쥐	42	양파	16
생쥐	40	보리	14
호랑이, 사자, 고양이	38	완두콩	14
개구리	26	오이	14
꿀벌	16, 32	감자	36, 48, 96
집파리	12	토마토	24, 36, 48
초파리	8	밀	14, 28, 42
노랑초파리	8	사탕수수	30~80
모기	6	클로버	14~64
대장균	1	소나무	12

여러 동식물의 염색체 수

다. 이질배수성 식물들은 성장 속도가 매우 빠른 특징을 보인다. 식물의 이질배수성이 광합성 및 녹말 대사 경로에 관여하는 유전자 발현을 촉진하기 때문이다. 즉, 교잡종은 엽록체가 훨씬 더 많이 축적되어 녹말이 부모 세대보다 더 많이 생성되고 결국 더 빠르게 자라게 된다.

유전자의 위치를 알려주는 게놈지도

게놈지도는 염색체상 유전자들의 위치를 나타낸 것이다. 감수분열 시 교차가 일어나는 비율로 유전자들의 위치를 알아낸다. 감수분열 전기에는 접합한 상동 염색체 사이에서 '교차'가 발생해 염색체 일부가 서로 교환되고 재조합된다. 교차 현상으로 새로운 유전자 조합을 가지는 염색체가 만들어진다. 이런 재조합이 발생하는 빈도는 한 염색체상에 존재하는 두 유전자 사이의 거리에 비례한다. 두 유전자 사이의 거리가 멀수록 교차가 발생할 확률은 높아지고, 가까워질수록 교차가 될 확률은 낮아지는 것이다. 같은 염색체상에 있는 두 유전자 사이에서 재조합이 일어나는 빈도나 교차 확률을 계산해 염색체상에 각 유전자의 상대적인 위치와 순서를 표시해 나타낸 것이 바로 '게놈지도'다. 게놈지도는 유전자의 위치를 숫자로 나타내는 방법과 염색체상에 줄을 그어서 나타내는 방법 등이 있다.

쉽게 말해 게놈지도는 복잡한 퍼즐 조각을 맞추기 위한 밑그림과 같은 것이다. 유전자를 알아가기 위한 가장 기본적인 작업은 염색체상 유전자의 위치를 결정하는 일, 즉 지도 그리기Mapping다. 게놈지도 없이는 유전자의 DNA

염기서열을 정확히 배열할 수 없다. 따라서 생물종 사이의 방대한 유전 정보를 서로 대응시킬 때 게놈지도는 필수적인 요소로 작용한다. 게놈지도는 염색체의 교차를 바탕으로 작성된 '연관 지도Linkage Map'를 만드는 것에서부터 시작했다. 오늘날에는 mRNA로부터 합성된 cDNA와 염색체상의 위치 및 배열에 변이가 일어난 DNA 절편을 분석해 유전자의 '물리적 지도Physical Map' 작성까지 가능하게 되었다.

인간 유전자 연구의 시작은 게놈 분석으로부터

게놈은 한 개체의 유전자와 유전자가 아닌 부분(반복 서열 등)을 모두 포함한 총 염기서열로 DNA나 RNA 형태로 저장되어 있다. 한마디로 한 생물종의 완전한 유전 정보의 총합이다. 포유동물의 경우 약 2~3만 개의 유전자와 그 유전자를 제어하는 다양한 서열, 그리고 게놈을 구조적으로 유지하는 더 다양한 서열들로 구성된다.

게놈을 구성하는 염색체는 생물의 종(種)에 따라 그 개수가 다르게 구성된다. 만약 게놈 속 염색체 1개 또는 일부만 상실해도 생물의 기능에 중대한 영향을 미친다. 이런 성질을 이용해서 생물의 게놈 구성을 밝혀내는 작업이 활발히 진행되고 있다. DNA 속 염기서열 중 생물의 유전적 특징을 결정짓는 염기서열을 밝혀내 지도로 만들고 이를 연구·분석하는 것인데 이를 '게놈 계획'이라 부른다. 게놈 계획은 난치 유전질환 등의 원인을 밝히고 치료하는 데 큰 보탬이 되지만, 생명윤리를 위태롭게 한다는 지적이 함께 제기되고 있다.

초파리 연구를 인간 유전자 연구에 접목하다

유전자 연구의 시초는 초파리였다. 토머스 모건은 1908년부터 초파리 교배 연구를 시작했다. 1909년 자신이 기르던 초파리 중에서 수컷 한 마리가 흰 눈을 가지고 있음을 발견해 미미하지만 불연속적 변이를 확인했다. 모건은 이 초파리를 붉은 눈을 가진 정상 암컷과 교배시켰고 그 결과 태어난 초파리(F1)는 모두 붉은 눈을 가지고 있었다. 다시 F1의 초파리들끼리 교배를 시켰더니 2대(F2) 초파리 중 몇몇이 흰 눈을 가지고 있었는데 이들은 모두 수컷이었다. 이 신기한 현상을 설명하기 위해 모건은 형질의 유전이나 우열 관계가 성별에 따라 달라지는 반성유전Sex-linked Inheritance에 대한 가설을 세웠다. 이런 가설을 전제로, 흰 눈을 가진 초파리가 모두 수컷이기 때문에 암컷 X염색체 중 한 부분이 발현되는 것으로 추정했다.

이전에 멘델은 '멘델의 유전법칙'에서 모든 유전 형질이 독립적으로 후대에 전달된다고 보았지만, 모건은 형질이 서로 연관되어 있다고 생각했다. 이런 생각 끝에 모건은 X염색체에서 초파리 눈의 색깔을 결정하는 유전자가 있다는 결론을 내렸다. 수컷 초파리는 X염색체를 하나만 가지므로 열성 형질이 그대로 발현되는 반면, 암컷은 두 개의 X염색체를 가져 우성 형질이 발현된다고 주장했다.

1억 8천만 개의 염기서열을 가진 초파리의 게놈은 대장균이나 효모와는 달리 유전자 정보량이 상당히 방대했기 때문에 단세포 생물들을 분석하는 방법보다 더 많은 시간과 비용이 들었다. 이런 단점을 보완하기 위해 '자동 염기서열 분석법'이 사용되었고, 이 방법은 '인간 게놈 프로젝트Human Genome Project'에도 사용할 수 있었다.

초파리의 유전자지도는 오랜 세월 다방면으로 작성되었다. 초파리에 관한 연구가 한 세기 동안 진행되면서 고전적 방법에서부터 현대적 방법까지 광범위하게 분석이 이뤄졌다는 것을 알 수 있다.

인간 게놈 프로젝트

'인간 게놈 프로젝트Human Genome Project, HGP'는 1990년에 시작해 2005년까지 인간 게놈에 있는 약 30억 개의 염기서열을 해석하기 위해 만들어졌다. 이 프로젝트는 미국, 영국, 일본, 독일, 프랑스 5개국의 공동 노력과 미국의 셀레라 제노믹스라는 민간 법인의 후원으로 이뤄졌다. 연구가 진행되고 예상보다 5년 앞선 2000년 6월 인간 게놈 초기 지도가 완성되었다. 이 결과로 많은 질병의 원인이 되는 유전자의 위치를 염색체상에서 알 수 있게 되었다.

인간 게놈 프로젝트로 인간의 유전자 수가 정확히 추산되었다. 최대 10만 개에 달할 것이라는 일반적인 추산과 달리 초파리보다 두 배 정도 많은 3만~4만 개에 불과한 것으로 나타났다. 유전자 수는 하등 식물이 2만 5천 개, 작은 벌레 종류가 1만 9천 개, 초파리는 1만 3천6백 개 정도다. 이런 결과는 의학·과학 분야에 큰 충격이었다. 인간 게놈 프로젝트에 참여한 에릭 랜더 박사

초파리 침샘 염색체

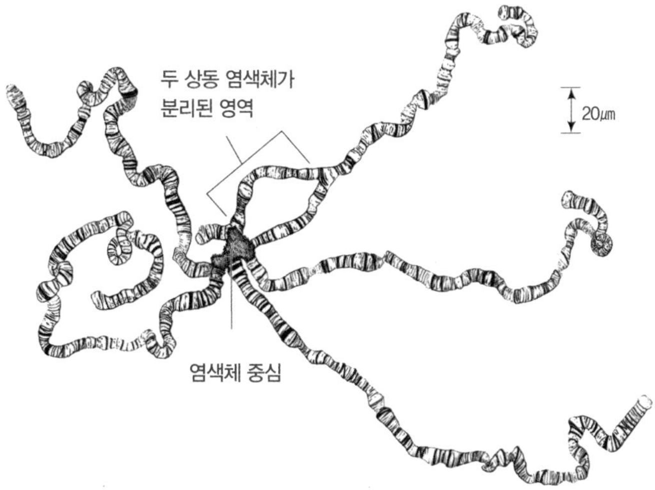

초파리 침샘 염색체 핵형

초파리 염색체 지도

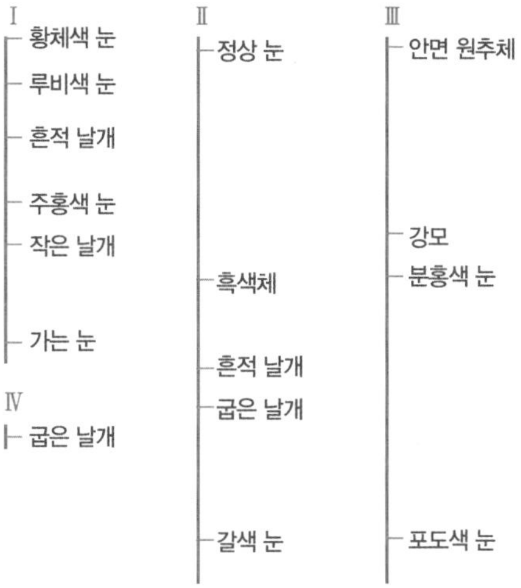

는 "인간의 유전자 수가 초파리의 두 배 정도에 불과하다는 것은 놀라운 사실이다. 비슷한 유전자 수에도 불구하고 인간이 벌레보다 복잡한 구조를 가진 이유는 여전히 미스터리다."라고 지적했다.

이 연구에 참여한 또 다른 영국 과학자들은 치명적인 각종 질병을 유발하는 유전자들이 가장 많이 집중된 이른바 '킬러 염색체'들을 발견하기도 했다. 인간 게놈지도의 완성은 알츠하이머병 등 치명적인 질병과 알코올 및 마약 중독, 암, 심장병 같은 유전성 질환의 원인 규명은 물론 질병 치료에도 획기적인 발전을 이룰 것으로 기대된다.

더 건강한 세상을 만드는 유전체 분석 기술을 완성하다

2023년 4월 25일은 인간 게놈 프로젝트의 20주년이자 DNA 이중나선 발견 70주년을 기념하는 기념비적인 날이었다. 생명과학의 발전과 성과 아래 지금도 전 세계 여러 나라의 생명과학자들이 참여한 대규모 협력 연구가 여러 분야에서 진행되고 있다. 인간 게놈 프로젝트 역시 계속될 예정이다. 특히 대규모 유전 정보 처리와 분석을 위해 개발된 생물정보학 분야는 인간 게놈 프로젝트가 만들어 낸 미래 과학 분야라고 할 수 있다. 인간 게놈지도의 완성으로 30만 개로 추정되던 인간의 유전자가 약 2만 1천여 개에 불과하다는 사실이 밝혀졌다. 약 2만 1천여 개의 유전자 구조와 조직, 기능이 어떻게 이뤄졌는지 알 수 있는 것이 바로 인간 게놈지도다.

인간 게놈지도의 실체가 밝혀지면서 과학자들은 인류의 삶에 혁명적인 변화가 올 것으로 전망해 왔다. 게놈지도를 통해 염기 배열을 알면 유전자 분석이 쉬워지고, 질병을 예방하는 방법을 알 수 있기 때문이다. 염기 배열은 각종 생리 현상과 관련되는 단백질의 생성을 결정한다. DNA의 염기 배열 정보는 RNA로 전달되고 이 RNA는 염기 3개를 결합해 아미노산 하나를 만들어 낸다. 아미노산은 단백질 구성의 기본 단위이며 DNA의 염기 배열에 따라 인체에서 다양한 생리 현상을 주관하는 단백질을 만들어 낸다. 다시 말해 게놈지도를 통해 염기 배열만 알게 되면, 염기 3개와 아미노산 1개의 성분까지 분석할 수 있게 되는 것이다.

인간 유전자지도를 파악하면 염기서열에서 어느 부분이 심장과 머리카락을 구성하는지 또, 피부나 눈동자의 색을 결정하는 부분은 어느 곳인지 알 수 있다. 더 나아가 DNA 염기서열에 어떤 변이가 발생해 세포가 본연의 역할을 못 하고 질병과 노화를 초래하게 되는지 그 원리까지도 알게 된다. 인간 유전

유전 형질	염색체 번호	증상
기억/학습	2	기억 기능상실
IQ	6	지능지수
모험심	11	모험 추구, 바람쟁이
알츠하이머	14	운동신경 마비, 기억상실
근심/불안증	17	심신 불안정, 우울증
공격성	X(성염색체)	폭력
자폐증	2	청각·시각 장애

유전 형질 관련 염색체의 배치와 연관된 증상

체의 DNA 배열은 99.9%가 같지만 작은 차이가 질병 발생 위험과 치료제의 반응 그리고 치료 요법에 큰 영향을 미친다.

인간 게놈지도가 완성되고 약 20년이 흐르는 동안 인간 게놈 프로젝트는 많은 진화를 거듭해왔다. 그 결과 이전에 밝히지 못했던 미확인 유전자 배열까지 모두 해독하며 비로소 인간 유전체 염기서열이 100% 밝혀지게 되었다. 따라서 이 DNA 염기서열 지도를 통해 유전성 질병의 요인과 암, 고혈압, 조현병, 다발성 경화증과 같은 복잡한 질병의 원인도 밝혀낼 수 있을 것으로 전망한다. 질병의 원인을 분자 수준에서 해독하게 돼 예방은 물론 개인별 체질에 맞게 질병 치료를 설계함으로써 맞춤 의료도 가능해질 것이다. 하지만 인간이 모든 질병으로부터 자유로워질 수 있기까지는 앞으로 더 많은 후속 연구가 이뤄져야 하고, 지금보다 훨씬 많은 시간과 노력, 예산이 필요할 것이다.

포스트 게놈 시대의 삶

인간 게놈지도가 완성되면서 현대에는 분자 단위에서 질병을 예방할 방법까지 찾게 되었다. 앞으로 생명과학의 발전과 더불어 연구·발전해 가는 분야는 우리 삶에 어떤 영향을 미치게 될 것인지 기대된다. 인간 게놈 프로젝트 이후에 진행될 연구로는 유전자가 어떤 기능을 수행하는지 밝히는 기능유전체학, 사람에 따라 염기서열이 어떤 차이가 있는지 규명하는 비교유전체학, 그리고 단백질체학 등이 있다. 이 세 가지 연구를 아울러 '포스트 게놈체학Postgenomics'이라 부른다. 포스트 게놈 시대의 게놈 연구는 이 세 가지 연구 분야에 달려 있다.

생물 세포 염색체를 연구하다

인간 게놈 프로젝트 이후 인류는 많은 유전 정보를 얻게 되었지만, 이 정보 자체로 모든 문제가 해결되지는 않았다. 이 염기들의 조합에 따른 기능을 모르면 질병 대책에 대한 정보를 얻을 수 없기 때문이다. 앞으로 추진해야 할 연구는 두 가지가 있는데 하나는 유전자가 어떤 기능을 수행하는지 밝히는 기능 유전체 연구, 다른 하나는 사람에 따라 염기서열이 어떤 차이가 있는지 규명하는 비교 유전체 연구다.

첫 번째로, 기능 유전체 연구는 인간 유전자를 발굴하고 그 기능을 체계적으로 연구해 유전병의 원인을 규명한다. 이미 알고 있는 유전 정보를 활용해 어떤 단백질이 만들어지는지 추적하고 그 단백질의 구조와 기능을 밝혀내는 연구다. 인간 유전체는 다른 모델 생명체의 유전체보다 훨씬 복잡하다. 지금까지 유전자로 밝혀진 부분은 전체 유전자의 2% 정도밖에 되지 않아 연구에 어려움이 있다. 모든 유전자를 발굴하는 게 결코 쉬운 작업이 아니기 때문에 염기서열 분석이 완료된 후에도 기능 유전체 연구는 한동안 지속될 것이다. 발굴한 유전자의 기능을 다방면으로 밝혀내는 과정을 거쳐 질병 관련 유전자와 유전병 발병기전도 더욱 상세하게 밝혀질 것이다. 이를 바탕으로 새로운 치료법들이 개발되는 등 앞으로 의학·약학 전반에 걸쳐 큰 변화가 일어날 것이다.

두 번째로, 비교 유전체 연구란 개인, 인종, 생물간 유전체 정보를 비교해서 차이점을 찾아내고 이로 인한 생체 기능의 차이를 추적하는 연구다. 특히 개인 간 염기 하나의 차이를 나타내는 단일염기변이를 발굴하는 것은 비교 유전체 연구의 핵심으로 여러 제약회사에서 이를 발굴하기 위해 노력하고 있다. 비교 유전체 연구를 통해 개인의 체질, 유전적 성향, 의약품에 대한 반응 차이 등을 파악할 수 있게 됨으로써 새로운 개념의 개인별 맞춤의학과 과학적 데이터에 기반한 예방의학이 크게 발전할 것이다.

최근 생명과학이 매우 발달했음에도 불구하고 유전질환의 발병 원인이 밝혀진 것은 전체의 15%에 불과하다. 고등생물은 한 가지 형질에 여러 개의 유전자가 관여하는 경우가 많고, 반대로 한 개의 유전자가 여러 형질에 관여하는 때도 있기 때문이다. 게다가 사람의 단백질 10만 개 가운데 기능이 제대로 밝혀진 것은 현재 9천여 개에 불과하다. 밝혀지지 않은 9만 개가 넘는 단백질의 기능을 파악하는 것이 결국 기능 유전체 연구에서 수행해야 하는 가장 큰 연구 과제일 것이다. 또한 비교유전체학을 통해 사람 개개인의 특성 또는 모습이 다른 것은 어떤 유전적 배경 때문인지를 밝히게 될 것이다.

인간 게놈 프로젝트 이후 연구 방향

비교 유전체 연구 분야에서는 사람과 공통 유전자를 많이 가진 침팬지와 같은 모델 동물의 유전체 연구도 진행되고 있다. 모델 동물들의 염기서열을 밝히는 작업과 인간 유전체와 비교하는 연구는 곧 인간의 질환 연구에도 큰 도움이 될 것으로 예측된다. 그뿐만 아니라 세계 의약 업계는 이미 게놈 프로젝트의 성과를 이용하는 포스트 게놈 단계에 들어섰고, 관련 산업에 참여함으로써 게놈 관련 산업은 21세기 첨단 생물산업이 될 것으로 전망된다.

세계의 주요 제약, 화학 대기업들은 주로 분자·세포생물학적 방법으로 여러 질병의 원인이 되는 유전자나 기능성 유전자들을 발굴해 진단 및 치료제를 개발하는 전략을 채택하고 있다. 미국과 프랑스의 수많은 벤처회사도 의약품 개발에 착수했다. 미국의 벤처기업을 주축으로 유전자 발현 해석과 소프트웨어 분야에 투자가 증대되는 추세다. 특히 DNA 칩 관련 기술, 게놈 정보관리, 기능해석을 위한 개발에 속도가 붙을 것이다.

한편으로는 게놈지도가 만들어지면서 무분별한 이용에 따라 발생할 수 있는 윤리적·법적·사회적 문제들이 발생할 수 있다는 우려도 나오고 있다. 게놈 분석으로 얻을 수 있는 개인 유전 정보의 유출 문제와 정치·사회적으로 부적절하게 이용될 위험성 역시 제기된다. 유전자의 무분별한 변형, 유전자를 이용한 생물체나 인류의 통제 문제도 있다. 생명공학 기술 활용에 발생하고 있는 생명윤리 문제는 전문가들에 국한되는 문제가 아니다. 앞으로 우리 사회에서 다양하게 이용될 생명공학 기술의 윤리적·사회적 영향에 대해 우리가 관심을 가지고 대응해야 할 것이다.

2
후성유전학 전성시대

세상에 쓸모없는 유전자는 없다

DNA 서열에 이상이 생겨 기능 장애를 초래하는 게 유전병이다. 그동안 유전적 질병을 치료하는 전통적인 접근법은 근본적인 유전적 돌연변이를 바로잡는 데 중점을 뒀다. 그에 반해 환경 요소가 유전자 발현에 영향을 준다는 것이 '후성유전학'이다. 후성유전학의 발전으로 유전적 정보 이외의 외부 조건이 유전적 특성에 영향을 미칠 수 있다는 개념이 생겼다. 세포가 DNA 서열을 바꾸지 않고 유전자 활동을 어떻게 조절하는지 밝혀내는 후성유전학이 질병 치료의 새로운 길을 열어가고 있다. 이러한 후성유전학의 중심에는 '정크Junk DNA'의 발견이 있다.

2001년 인간 게놈 프로젝트의 결과가 나왔을 때 과학자들은 당황스러운 사실에 직면했다. 인간의 DNA는 30억 쌍으로 구성되어 있고 유전자는 3만 개로 밝혀졌지만 그중 2%만이 본연의 역할을 하고 나머지 DNA는 별다른 역할을 하지 않는 것이 밝혀졌기 때문이다. 유전학자들은 단백질을 암호화하지 않은 쓸모없는 서열의 유전자를 암흑물질 또는 정크 DNA라고 불렀다. 그러나 생명과학 연구가 진척되면서 과거에 주목받지 못했던 정크 DNA가 사실 다양한 역할을 하고 있음이 밝혀지고 있다.

정크 DNA의 쓸모를 찾다

유전학자들은 인간 유전체 분석을 통해 인간의 유전 현상을 명확하게 해석하길 기대했지만, 막상 유전체 분석을 완료한 뒤에는 기대와 달리 명확한 해석이 불가능했다. 결국, 인간과 미생물의 유전체를 비교했을 때 큰 차이를 발견하지 못해 DNA만으로 인간과 다른 생물의 차이를 해석할 수 없었다. 대신 정크 DNA가 미생물보다 식물에 많고, 식물보다 동물에 더 많으며, 특히 인간에게 정크 DNA가 훨씬 더 많다는 사실이 드러났다. 진화의 복잡성이 정크 DNA에 있을 것으로 연구자들의 의견이 모아졌고 이 분야의 연구가 활발하게 진행되고 있다.

인간 게놈 프로젝트의 수행으로 과학자들은 인간 DNA 서열을 알아내고 단백질 합성에 관여하지 않는 반복적인 DNA 서열인 '정크 DNA'를 식별하게 되었다. 정크 DNA 서열은 반복적인 특성에도 불구하고 개인마다 다를 수 있다. 지금까지 연구자들은 이 정크 DNA 서열이 필수적인 기능을 하지 않는다고 생각해 왔으나 최근 몇 년 동안의 연구에서 정크 DNA를 단순히 쓰레기로 취급하는 견해에 의문이 제기되었다.

그동안 무의미하다고 생각했던 염기서열의 상당 부분이 유전자의 발현을 조절하는 역할을 하고 또 실제 RNA 형태로 복사(전사)가 일어나 RNA 가닥을 만든다는 것을 알게 되었다. 인체의 여러 조직에서 얻은 140여 가지 유형의 세포를 분석한 결과 정크 DNA의 활동이 세포에 따라 달랐고, 이는 곧 이들 영역의 활동 유무가 각 세포의 특성에 영향을 미치는 걸 의미했다. 즉 인간 DNA의 80%가 일부 생화학적 기능을 수행하기 위해서는 정크 DNA의 상당 부분이 어떤 목적 달성을 위한 역할이 있어야 함을 뜻한다.

노화와 암은 동전의 양면, 텔로머레이스의 비밀

2014년 항저우 사범대학교 노화연구소에서 정크 DNA 중 하나인 hTERT 유전자를 이용한 유전자 치료제가 텔로머레이스Telomerase 유전자 활성을 조절한다는 결과를 발표했다. 텔로머레이스 유전자는 텔로머레이스 효소의 활성을 조절하고, 텔로미어Telomere를 생성하는 데 도움이 된다. 텔로미어는 염색체의 말단부에 존재하는 특수 입자로 노화에 중요한 역할을 하는 것으로 알려져 있다. 세포가 분열할 때마다 텔로미어의 길이는 점점 짧아지게 되고, 길이가 너무 짧아져 복제가 더 이상 불가능해지면 세포가 노화로 죽게 된다. 그런데 연구 결과 텔로머레이스 역전사효소가 텔로미어 길이를 복구하는 역할을 하는 게 밝혀졌다. 텔로머레이스의 활성도를 높이면 세포 분열 전반에 걸쳐 텔로미어의 길이가 줄어들지 않아 노화를 방지하게 되는 것이다. 이때

hTERT 유전자는 텔로머레이스 역전사효소를 발현시켜 텔로미어를 길게 만드는 역할을 한다.

반대로 암세포의 텔로머레이스 활성을 떨어뜨려 텔로미어를 짧게 하면 암세포의 사멸을 유도할 수도 있다. 사람의 텔로머레이스는 세포가 생겨난 초기에는 높은 활성도를 보이지만, 성장하면서 그 기능이 억제된다. 반면 암세포는 세포 분열을 격렬하게 하지만 시간이 지나도 텔로미어의 길이가 짧아지지 않는다. 텔로미어의 관점에서만 본다면 노화와 암은 동전의 양면처럼 서로 대척점에 있는 것이다. 노화를 막으려고 텔로미어의 길이를 길게 하려다 잘못 조작하면 정상세포가 암세포가 될 위험성이 있다. 이런 위험성 때문에 의학계에서는 노화 상태를 이전으로 되돌리려는 연구보다 텔로머레이스를 항암 유전자 치료제로 개발하려는 연구가 더 활발하다.

연구가 계속 진행되면서 워싱턴 주립 대학의 연구진은 정크 DNA의 일종인 VNTR2-1이 텔로머레이스 유전자의 활성을 유도한다는 사실을 확인했다. 연구진은 생쥐의 암세포에서 VNTR2-1 DNA 서열을 삭제하면 텔로미어가 줄어들고 동시에 세포가 노화돼 종양이 성장을 멈춘다는 사실을 발견했다. 즉, VNTR2-1이 결핍되면 세포 활성화에 방해가 되고 암세포의 텔로미어가 짧아지기 시작해 결국 종양의 성장이 중단된다는 것이다. 생쥐 실험 이후 미국 노인을 대상으로 DNA 서열 길이를 조사했을 때 서열의 길이가 짧은 53개 DNA의 반복부터 160개의 긴 반복까지 다양하게 확인됐다. 특히 아프리카계 미국인에게서 매우 짧은 염기서열이 발견됐는데, 그 그룹을 대조군과 비교하자

VNTR2-1 염기서열을 가진 100세 이상 노인의 수가 상대적으로 적은 게 발견됐다.

이 발견으로 VNTR2-1 염기서열이 인간의 노화와 암 발병에 관련된 유전적 다양성에 기여한다는 것을 알게 되었다. 짧은 반복 수의 VNTR2-1 서열을 갖는 사람은 암 발병 위험은 감소하지만, 노화 현상이 더 빠르게 나타날 수 있다. 텔로머레이스 유전자가 어떻게 활성화되고 조절되는지, 그리고 어떤 유형의 세포에서만 활성화되는지 사실을 파악하는 것은 인간의 노화와 암을 막는 열쇠가 될 수 있을 것이다.

생체시계와 유전질환을 조절하는 정크 DNA

우리 몸에는 생체리듬을 조절하는 분자시계가 있어 비행으로 낮과 밤이 뒤바뀌면 시차증을 겪는다. 하루 24시간 낮과 밤 주기로 맞춰진 생체리듬 시계에 혼란이 생기기 때문이다. 이런 문제를 해결하기 위한 연구에서 정크 DNA의 '마이크로 RNAmiRNA'가 생체시계 제어에 핵심 역할을 한다는 사실이 미국 서던캘리포니아대USC 과학자들에 의해 밝혀졌다.

과학자들은 마이크로 RNA가 암, 당뇨병, 알츠하이머병 등에도 영향을 미칠 것이라 예상하고 생체시계의 작동 원리를 연구해 왔다. 지금까지 확인된 약 1천 종의 마이크로 RNA 가운데 생체리듬과 연관된 마이크로 RNA는 약

110~120개 유형이 있는 것으로 밝혀졌다. 연구팀은 3종의 마이크로 RNA를 비활성화시킨 생쥐가 어두운 곳에서는 쳇바퀴를 못 타는 걸 확인했다. 생쥐의 뇌, 각막, 폐 조직 등의 세포에서 마이크로 RNA 3종의 발현을 억제하면 각각 다른 방식으로 생체리듬에 영향을 미치는 게 확인된 것이다.

새롭게 조명되고 있는 정크 DNA

인간 게놈 프로젝트 이후, 과학자들은 147개 종류의 조직에 대해 1,600건 이상의 실험과 분석을 시행했다. 이렇게 방대한 데이터 분석을 통해 2만 개의 유전자를 조절하는 400만 개의 유전자 스위치가 존재한다는 사실을 밝혔다. 그동안 정크 DNA로 여겼던 DNA의 80%가 특정 생물학적 기능을 하는 것 역시 파악했다. 유전자 스위치는 유전자 활성화 여부는 물론 각 단백질의 생성 시간과 양까지도 조절하는 것으로 나타났다. 즉 어떤 정크 DNA는 심장질환 등에 영향을 주는 DNA 메틸화DNA Methylation와 같은 후성적 변화에 관여하고, 또 다른 정크 DNA는 유전자를 켜고 끄는 RNA 분자와 특정 종류의 단백질을 만드는 역할을 하는 것이다.

워싱턴대 연구진은 400여 종의 질환이 직접 유발 유전자에 의한 발병이 아닌 정크 DNA가 유전자 스위치 20개를 조절해 암의 발병을 조정한다는 연구 결과를 발표했다. 질환 관련 변이의 76%가 조절 DNA에 존재하는 것도 밝혀냈다. 특히 천식, 류머티즘 관절염, 1형 당뇨, 루푸스Lupus 등은 각각 별개의 질환이지만, 조절 회로가 공통으로 작동해 하나의 약물로 4개 질환을 한 번에 치료하는 방법을 제시하기도 했다. 연구가 계속 진행되면서 크론병 발병에 영향을 미치는 유전자 100개의 위치와 그 유전자를 조절하는 전사 인자까지도 파악했다. 해당 연구에서 많은 것들을 밝혀냈지만, 당뇨나 암 등 질환의 원인을 유전자에서만 찾다 보면 정작 해당 유전자를 변화시키는 근본적인 원인을 놓칠 수 있어 주의가 필요하다.

미국 텍사스의 MD 앤더슨 암센터 연구팀은 간세포에 있는 정크 DNA인 HULC Hepatocellular Carcinoma Up-Regulated Long Non-Coding RNA가 페닐케톤뇨증에 도움을 줄 수 있다는 동물실험 결과를 발표했다. 페닐케톤뇨증은 신경전달물질의 구성 성분인 아미노산이 생성되지 못해서 영유아가 지적 장애를 앓게 되는 유전질환으로, 매년 수백 명의 미국 영아가 페닐케톤뇨증 진단을 받는다. 페닐케톤뇨증을 진단받은 영아는 곧바로 단백질 식단을 조절해야 한다. 식단을 제대로 조절하지 않으면 심각한 지적 장애, 운동장애, 발작 등을 일으키게 된다. MD 앤더슨 팀은 세포 내 핵 주변에 한두 개의 분자구조로만 존재하는 HULC의 유전적 돌연변이로 인해 '페닐알라닌 수산화효소(PHA)'를 생성하지 못해 페닐케톤뇨증이 발생한다는 사실을 발견했다. 따라서 페닐케톤뇨증을 치료하기 위해 HULC 유사물질로 구성된 RNA 치료제를 이용하면 11개의 PHA 돌연변이의 효소 활성을 정상화할 수 있게 되었다.

영국 엑서터대와 임페리얼대 연구팀은 공동으로 정크 DNA 중 일부가 췌장의 중요한 조절 기능을 한다는 것을 발견했다. 특정 정크 DNA 영역이 혈당

균형을 유지하는 데 도움이 되는 인슐린 생성 세포인 베타세포의 핵심 유전자를 조절한다는 사실을 밝힌 것이다. 단백질을 암호화하는 유전자 게놈은 극히 일부에 불과하고, 나머지 부분은 이전에 거의 알려지지 않았다. RNA 가닥은 단백질을 만들기 위한 지침을 가지고 세포 주위로 이동하는데, 최근의 연구에 따르면 단백질을 암호화하지 않는 일부 비암호화 RNA가 유전자의 활성을 조정하는 역할을 한다는 사실이 밝혀지게 되었다.

이처럼 다양한 분야에서 정크 DNA 연구가 활발히 이뤄지고 있다. 정크 DNA 연구는 인간이 지닌 복잡성의 수수께끼를 푸는 데 실마리를 제공할 뿐 아니라 다양한 질병 치료에도 큰 변화를 몰고 올 것으로 기대된다.

정크 DNA를 이용한 유전자 치료

유전자 치료법은 유전자를 사용해 유전적 질병을 치료, 예방하는 기술이다. 약물이나 수술 대신 유전자 교정을 통해 근본적인 유전 문제를 수정함으로써 질병에 대처하는 의학적 접근 방식이다. 질병 퇴치에 도움이 되는 새로운 유전자를 세포에 삽입하거나, 질병을 일으키는 DNA를 대신해 결함이 없는 유전자를 도입한다.

새로운 유전 물질을 세포에 이식하는 대신 세포의 기존 DNA에서 질병을 일으키는 DNA 조각을 제거하는 최신 기술로 '게놈 편집'이라고 한다. 즉, 유전자가 제 기능을 하도록 장애의 원인이 되는 유전적 변이를 수정하는 것이다. 유전성 질환인 혈우병, 낫적혈구병, 후천성 백혈병 등이 유전자 요법으로 치료되고 있다.

콜레스테롤 수치를 낮추는 유전자를 찾다

가족력인 고콜레스테롤혈증은 저밀도 지단백 콜레스테롤 수치가 극도로 높은 특징이 있고 조기 심장질환 발생 위험을 증가시키는 유전성 질환이다. 캘리포니아대학UCLA과 하워드 휴스 의학연구소의 과학자들은 가족력 고콜레스테롤혈증 질환이 있는 생쥐의 콜레스테롤 수치를 억제하는 유전자를 성공적으로 사용했다고 밝혔다. 유전자 렉시스LeXis가 동맥 내부의 콜레스테롤 수치와 동맥 폐색 가능성을 낮추고 간세포의 지방 축적도 줄이는 것을 확인했다. 렉시스 유전자는 그 용도가 거의 알려지지 않아 최근까지 정크 DNA로 분류되는 독특한 유전자 그룹에 속해있었다. 하지만 인간 게놈 프로젝트를 통해 이와 같은 유전자가 실제로 활동적인 유전자라는 증거가 발견된 것이다.

연구원들은 가족력 고콜레스테롤혈증 질환이 있는 생쥐에 렉시스 유전자를 주입했을 때 심장질환 진행을 늦출 수 있는지 알아보기 위해 실험을 진행했다. 생쥐에 렉시스 유전자를 주입하고 고농도 나트륨과 콜레스테롤이 함유된 햄버거와 감자튀김을 먹이면서 심장질환 진행을 측정한 결과 렉시스 유전자가 콜레스테롤과 플라크의 수치를 낮추는 데 효과적이라는 실험 결과를 얻었다.

이 연구팀은 후속 연구를 통해 더 큰 동물에 대한 효과를 검증하고 현대 치료법과 병행할 경우 치료 가능성 유무를 확인하고 있다. 이전 연구에서도 lncRNA가 중요한 역할을 할 수 있다는 사실을 밝혔지만, 이번 실험 결과로 유전자를 이용해 인간의 질환을 치료할 수 있다는 잠재력을 보여주었다. 앞으로도 또 다른 정크 DNA가 가족성 고콜레스테롤혈증과 같이 치료가 어려운 기타 유전성 질병을 치료하기 위한 기본 뼈대를 제공할 수 있을 것으로 보인다.

자폐증 돌연변이가 정크 DNA에 있다고?

2019년 프린스턴대학을 중심으로 한 연구팀은 인공지능 기술을 이용한 혁신적인 분석법으로 정크 DNA의 돌연변이가 자폐증을 일으킬 수 있다는 연구 결과를 〈네이처 제네틱스Nature Genetics〉에 발표했다. 정크 DNA의 돌연변이를 신경 발달 장애와 연계시킨 첫 번째 연구였다.

아이가 '자폐스펙트럼 장애ASD'를 갖고 있지만, 부모나 형제자매는 그렇지 않은 1,790가구의 게놈을 분석하여 자폐증 환자에게 영향을 미치는 12만 개의 돌연변이를 분류했다. 비록 자폐증의 정확한 원인은 밝혀지지 않았지만, 연구 가능한 수천 개의 원인은 찾을 수 있었다. 이 연구는 비유전적, 비암호적 돌연변이가 인간의 복잡한 질병이나 장애를 유발하는 것을 보여준 첫 번째 연구다. 과학자들은 암이나 심장병과 같은 질병에도 이번 연구에 사용된 기술을 적용할 수 있다고 전망한다.

이 연구에서 연구팀은 방대한 게놈 데이터 배열을 이해할 수 있는 새로운 방법을 제시했는데 바로 인공지능AI 기술이다. 이전에는 식별 불가능했던 패턴을 해독하기 위해 '딥 러닝'이라는 인공지능 기술을 이용해 분석을 진행하기도 했다. 인공지능 알고리즘은 DNA가 생물학적인 영향을 어떻게 미치는지 스스로 식별한다. 이를 바탕으로 유전자작용에 영향을 미치는 2천 개가 넘는 단백질의 상호작용을 예측하게 된다.

알고리즘은 1천 쌍의 염기쌍을 분석해 게놈의 모든 염기 단위를 변화시켜 나타날 수 있는 효과를 예측해 돌연변이 발현 가능성을 모두 찾아 순위를 매기는 방식이다. 각 돌연변이의 기능적 영향을 예측하는 게 해당 연구의 핵심이다. 알고리즘 분석법은 이미 알려진 질병 유발 변이를 기반으로 주어진 돌연변이가 질병에 얼마나 영향을 미치는지 순위를 예측하는 방법이다. 이전의 연구들은 일반인과 비교했을 때 자폐증 환자들의 돌연변이 차이를 발견하는 것이 어려웠다. 그러나 인공지능을 이용한 새로운 방법 덕분에 기능적 영향을 크게 미칠 것으로 예측되는 돌연변이를 훨씬 빠르게 발견할 수 있게 되었다.

2022년 분당서울대병원 연구팀도 자폐증 환자와 가족력이 있는 집단을 대상으로 대규모 유전체 연구를 통해 자폐 질환의 원인이 비암호화 영역 즉, 정크 DNA 부분의 변이로 발생한다는 연구 결과를 발표했다. 자폐증 발생에는 유전자의 변이가 큰 원인이라 알려져 있으나 구체적으로 어떤 유전자의 변이가 결정적인 역할을 하는지, 그리고 해당 유전자가 어느 시기에 뇌 발달에 발현하는지 밝혀진 게 없어 자폐증 증상을 개선할 수 있는 치료제를 개발할 수 없는 상황이다. 그러나 유전적 변이가 밝혀짐으로써 자폐 질환의 치료제 개발에 진전이 있을 것으로 기대된다.

3
생명과학, 인류의 희망이 되다!

기존의 생명공학은 식물 품종 개량을 중심으로 하는 전통 생명공학으로 시작했지만, 21세기에 들어와 유전자 조작과 합성을 중심으로 하는 '신생명공학' 전성시대가 되었다. 신생명공학은 생물의 기능을 활용하기 위해 유전자 조작 기술과 세포 융합기술, 세포 배양 기술 등의 핵심기술을 이용한다. 더 나아가 인공생명체를 등장시킨 합성생물학부터 유전자 가위 '크리스퍼CRISPR'까지 등장했다. 다른 과학 분야에 비해서 비교적 짧은 시간 동안 비약적으로 발전해 온 생명과학은 그동안 우리의 삶을 어떻게 바꿨을까?

인류를 구한 불멸의 세포, 헬라

세계 최초로 증식과 복제에 성공한 인간 세포는 무엇일까? 인류 최초의 실험실 배양 세포인 헬라HeLa세포는 1951년 자궁경부암으로 사망한 미국인 흑인 여성 헨리에타 랙스Henrietta Lacks의 암 조직에서 떼어낸 암세포에서 유래되었다. 오늘날 이 세포는 전 세계 의과대학, 이과대 생물 연구실과 제약회사 연구실 및 의약품 생산 공장 등에 널리 퍼져 있다. 헬라세포는 소아마비, 암, 바이러스, 백혈병 등의 질병 치료를 위한 백신과 치료 약 개발 그리고 원자폭탄이 인체에 미치는 영향을 밝히는 데 필수적인 역할을 했다. 그뿐만 아니라 체외 수정·복제 및 인간 게놈 분석을 통한 유전자지도 작성에도 중요한 소재로 이용되었다. 얼마 전 세계를 악몽에 빠뜨린 코로나19의 백신 개발에도 헬라세포가 사용됐다.

세상을 바꾼 헬라 세포 제공자, 헨리에타 렉스
(©스미스소니언 미국흑인역사문화박물관)

지금까지 과학자들은 헬라세포를 이용해 7만 5천 건의 연구 논문을 발표했고 제약회사들은 수조 달러의 수익을 챙겼지만, 사용료는 한 푼도 지불하지 않았다. 그동안 사용된 세포의 수만 해도 5천5백만 톤에 이르지만 사용료 지급이 없었다는 건 일반적으로 생각하기 힘든 일이다. 헨리에타 랙스의 몸

무게를 50kg이라 가정해 환산하면 그녀는 불과 70년 만에 11억 명으로 늘어난 셈이다.

무단 채취된 암세포

헨리에타 랙스는 1920년 버지니아주 로어노크에서 태어났다. 헨리에타는 어린 시절 어머니가 세상을 떠나 버지니아주에 있는 담배 농장에서 할아버지 밑에서 자랐다. 1951년 31세였던 헨리에타는 볼티모어에 거주하면서 다섯 자녀를 둔 어머니가 되었다. 하지만 그녀는 1951년 2월 다섯 번째 아이가 태어난 직후 존스홉킨스Johns Hopkins병원에서 자궁경부암 진단을 받고 방사선 치료를 하게 되었다. 그 당시 흑인들은 인종차별 때문에 심각한 의료 불평등을 겪고 있었는데, 존스홉킨스병원은 흑인을 치료해주는 몇 안 되는 병원 중 하나였다.

병원에서는 관행대로 치료 중 헨리에타의 종양 검사를 하고, 세포 중 일부를 병원의 암·바이러스 연구원이었던 조지 게이George Gey 박사의 실험실로 보냈다. 그는 헨리에타의 세포에 '헬라HeLa'라는 이름을 붙였다. 헨리에타는 방사선 치료에도 불구하고 1951년 10월 4일에 사망했다. 존스홉킨스병원은 헨리에타가 사망한 날 기자 회견을 열어 헬라세포의 발견을 발표했다. 헬라세포는 다른 세포에 비해 증식력이 높다는 장점 때문에 현재 암, 감염성 질환, 불임 등 다양한 질병에 사용되는 치료제 개발에 뼈대가 되었고 파킨슨병, 혈우병, 소아마비 백신, HPV 백신, 코로나19 백신 등의 개발에 지대한 공헌을 해왔다.

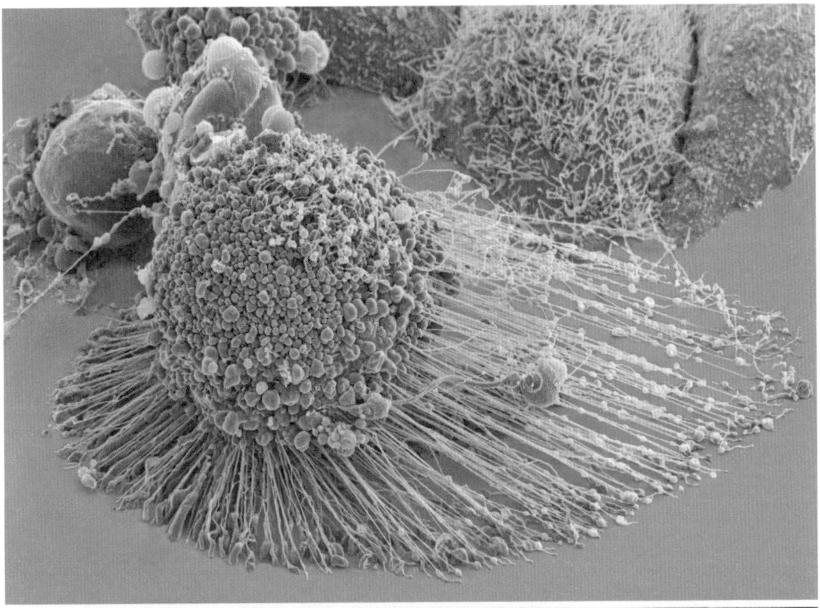

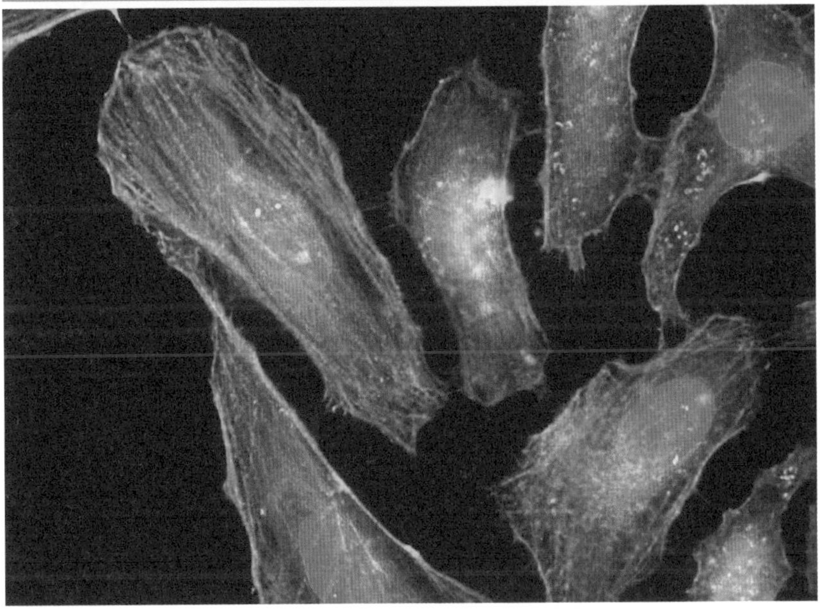

헬라세포 현미경 사진(위), 형광 사진(아래)

하지만 이 이야기는 미국의 연구 및 의료 시스템에 내재한 인종적 불평등을 보여준다. 당시만 해도 흑인 차별이 심한 시대였기 때문에 흑인 여성이었던 헨리에게 알리지 않고 세포가 연구에 제공되었고, 이후 누구도 그녀의 가족에게 보상하지 않았다. 게다가 그녀의 사망 후 수십 년 동안 의사와 과학자들에 의해 헨리에타 랙스의 이름, 의료 기록 심지어 그녀의 세포 게놈이 온라인에 공개되었다. 이 역시 그녀의 가족에게 동의조차 구하지 않고 이뤄졌다. 그녀의 가족은 1970년대까지 헬라세포의 기원과 그 중요성을 모르다가 연구원들이 헬라세포와 비교하기 위한 혈액 표본을 가족에게 요청할 때 비로소 사실을 알게 되었다. 이후 헨리에타 랙스 재단이 설립되었으며, 2020년 미국의 하워드 휴스 의학연구소HHMI가 세포 무단 사용에 대한 보상으로 수십만 달러의 기부금을 내는 등 보상 절차가 시작되었다. 지금도 보상 절차는 계속해서 진행되는 중이다.

유전자 가위, 크리스퍼

지난 50년 동안 유전공학 기법을 통해 육성한 GM 작물은 수없이 많다. 그러나 극히 일부만 안정성 평가를 통과해 시장에 유통되고 나머지는 안정성 문제로 시장에 나오지 못하고 있다. 지금까지 이러한 GM 작물 및 식품이 우리 건강에 미칠 영향에 대한 의견이 분분하다. 일부에서는 특별규제를 요구하고 있다. 안정성에 의견이 분분한 이유는 자연에서 절대 이루어질 수 없는 생물계의 아주 먼 영역 간의 DNA 교류로 인해 위험 요소가 발생할지 모른다는 우려 때문이다. 이러한 우려를 감안해서 유전공학자들은 종 내에서 자체 DNA 염기서열만의 유전자 편집을 모색하게 되었고 이것이 바로 '유전체 편집 Genome Editing 기술'이다. 이 기술은 자연적으로 일어날 수 있는 유전자 재조합을 인공적으로 촉진하는 것이기 때문에 위험 요소가 발생할지 모른다는 기존의 우려를 잠재운다.

하루가 다르게 발전하는 유전자 가위 기술

2015년 과학 저널 〈사이언스〉는 혁신 기술 1위로 크리스퍼 유전자 가위를 선정했다. 유전자 가위 기술은 4차 산업혁명의 하나로 바이오 융합기술의 핵심적인 기술로 손꼽히며 과학기술계의 주목을 받고 있다. 유전자 가위는 동식물의 유전자 서열에 특정 DNA 부위를 자르거나 붙이는 데 사용하는 인공 효소로 유전자 교정 기술이다. 유전자 가위 기술은 DNA의 특정 서열을 제거·삽입·수정할 수 있기 때문에 문제가 있는 유전자만 잘라내거나 잘라낸 자리에 새로운 유전자를 끼워 넣을 수 있다. 이 기술로 질병 치료는 물론 동식물을 개량하거나 해충 박멸, 멸종동물 복원 등에도 활용될 수 있을 것으로 전망된다.

유전자 가위 기술은 발전을 거듭해왔다. 1세대 징크핑거ZFN, 2세대 탈렌 TALEN을 거쳐 3세대 크리스퍼로 발전했다. 1세대 징크핑거는 미국의 상가모

테라퓨틱스사에 의해 제품화되었으며, 현재 HIV, 혈우병 등에 대한 치료제가 임상시험 중이다. 2세대 기술인 탈렌은 돌연변이를 유도해 질병 모델 세포주를 만드는 데에 활용되고 있다. 1세대 징크핑거나 2세대 탈렌에서는 단백질이 유전자 염기서열을 인식하는 데 그쳤다. 하지만 3세대 크리스퍼 유전자 가위는 엄청난 정확성을 겸비한 RNA 단백질로 가볍고 크기가 작으면서도 표적 염기서열을 인식하고 자르기 때문에 이전 세대 기술보다 제작이 간편하고 비용이 적게 드는 장점이 있다.

크리스퍼 유전자 가위는 기존 유전자 가위 기술에 비해 정확도가 높고 처리 속도가 빨라 이 분야 연구가 급속히 활성화되었다. 크리스퍼는 교정 대상을 찾아내는 가이드 RNA와 해당 부분을 잘라내는 CAS-9 단백질 효소로 이루어져 있다. 이전에는 유전자 하나를 교정하는 데 수개월 이상 걸리던 것이 크리스퍼는 며칠이면 가능하고, 여러 곳의 유전자를 동시에 교정할 수도 있어 엄청난 기술 발전이 이뤄진 셈이다.

유전자 혁명의 주축, 크리스퍼

유전자 가위의 대표적인 활용은 신약 개발 분야다. 혈우병은 유전자 염기서열이 거꾸로 놓여 있는 돌연변이에 의해 발병한다. 연구진들은 혈우병을 일으키는 원인 유전자를 유전자 가위로 교정해 혈우병에 걸린 쥐에 이식 후 치료하는 데 성공했다. 이 기술을 적용해 에이즈 바이러스의 혈액세포 유전자 CCR5 제거에도 성공해 에이즈 치료의 가능성을 확인하기도 했다. 아직은 연구가 더 필요한 단계지만 치료법이 상용화되면 평생 약을 먹어야 하는 에이즈 환자들이 한 번에 치료될 전망이다. 그래서 제약사들은 유전자 가위 기술을 이용한 신약 개발에 박차를 가하고 있다.

유전자 가위 기술은 유전자 혁명의 주축이 될 전망이다. 농·축산업 등에서 동식물의 품질을 개량할 수 있어 농축 산업의 발전과 함께 21세기 식량난을 해결하는 방법으로도 주목받고 있다. 연구가 진행되면서 돼지의 감염 유전자를 흑멧돼지 유전자로 변환해 돼지 열병을 치료하는 데 성공하기도 했다. 더불어 하버드의대 연구진은 인도코끼리의 유전자를 변화시켜 매머드복원 연구를 진행하고 있다. 그리고 캘리포니아대학교UCLA는 멸종된 여왕 비둘기를 복원하는 연구를 수행하고 있다.

최근에는 유전자 가위 기술이 농작물의 신품종을 개발하는 데 사용되기 시작했다. 지금까지 상용화된 유전자 교정 종자는 두 가지다. 일반 콩에 비해 올레산 함량이 약 3배 정도 높은 콩이 칼릭스트라는 기업에 의해 개발되어 미국에서 판매 중이고, 일본에서는 신경안정 및 혈압 저감 물질GABA, Gamma Aminobutyric Acid 함량이 일반 토마토보다 4~5배 높은 토마토가 상업화 중이다. 유전자 가위 기술은 목표 유전자를 정확하게 잘라 인위적으로 돌연변이를 만들 수 있다. 따라서 향후 첨단 품종 개량 기술로 종자 개발에도 많은 역할을 할 것으로 전망되고 있다.

인공합성 생명체, 드디어 모습을 드러내다

최근 염기, DNA, 효소, 단백질 등을 인공적으로 합성하는 분야의 연구가 활발히 추진되고 있다. 그 결과 생물학과 공학을 통합해 자연에 존재하지 않는 생명 기능을 대체하는 새로운 생물학적 시스템을 설계, 생성하는 광범위한 연구인 '합성생물학'이 탄생했다. 합성생물학은 공학과 분자생물학을 융합해 다양한 목적을 위해 유기체를 임의대로 재구성하는 학문이다. 합성생물학으로 유전자 및 분자 구성요소의 조작시스템이 만들어져 앞으로 농업, 식품, 의료, 에너지, 환경 등 여러 분야에서 활용성이 높을 것으로 기대된다.

현대 생명공학은 1953년 DNA의 분자구조가 밝혀지면서 시작되었고, 1970년대에 들어와 다른 생물의 DNA를 대장균에 이식해 단백질 치료제를 생산하는 유전자 재조합 기술이 개발되면서 바이오산업으로 발전하기 시작했다. 1995년에 180만 염기쌍으로 구성된 미생물 유전체를 최초로 밝혀낸 이래 20년이 지난 최근까지 한 해에만 수천 종의 미생물 유전체가 밝혀져왔다. 최근에는 합성생물학을 이용한 유용 물질 생산 및 인공 유전체 합성에 관심이 높아지고 있다. 생명체를 구성하는 유전체 정보 및 분자생물학에 대한 이해가 높아지고, DNA 합성 기술이 급속히 발전하고 있어 현대 생명공학 발전에 기대감이 크다.

세포 기능을 조합하는 DNA 인코딩

유전체 정보가 대량으로 쌓여가면서 이것을 효과적으로 활용하기 위한 합성생물학 기술이 등장했다. 이 기술로 DNA 기능을 조합하고 표준화해 더 다양한 모듈을 개발하게 되면서 세포 기능을 효과적으로 설계할 수 있게 되었다. 최근에는 여기에 빅데이터 분석을 통한 DNA 설계, 자동 합성, 기계 학습 등 최신 기술을 접목시킨 바이오 프로세스 개발 연구로 확대되고 있다. 합성생물학은 생명과학 전반의 효율성을 획기적으로 높일 수 있는 혁신 기술로, 필요한 세포 기능을 구현하기 위해 인공적으로 DNA를 인코딩하는 과정을 통해 실행된다.

인코딩은 데이터를 코드화하고 압축해서 기계어로 바꾸는 과정을 가리키는 전산 용어이다. 세포 기능과 정보들을 유전자 염기인 아데닌(A), 티민(T), 시토신(C), 구아닌(G)의 네 가지 알파벳 조합으로 표현하는 과정에도 사용된다. 현재 기술력은 세포 안에서 작동시킬 수 있는 가장 단순한 염기서열을 인코딩해 DNA 모듈을 제작하고 대형 DNA를 합성하는 데까지 이르렀다. 2010년 미국 크레이그 벤터 연구소는 수십만 바이트의 염기쌍에 이르는 최초의 미생물 유전체 합성에 성공해 기술의 확장성을 제시하기도 했다. 최근엔 수천만 바이트 크기인 효모에서도 유전체 합성에 성공했다.

실리콘밸리의 대형 정보기술IT 회사들도 인공지능을 연계한 유전자 설계와 자동화를 비롯한 합성생물학 전반에 투자를 서두르고 있다. DNA 인코딩을 통한 합성생물학 기술의 발전이 공학적 활용성을 획기적으로 높일 수 있는 기술이라고 전망하고 있기 때문이다. 미국을 비롯한 영국, 일본, 중국 등 주요 국가들은 바이오 경제의 청사진을 수립하고 합성생물학의 기반을 독자적으로 마련하려는 국가 차원의 플랫폼 구축을 서두르고 있다. 이미 세계경제포럼에서는 4차 산업혁명 시대에 합성생물학이 바이오 경제의 핵심이 될 것이라고 예고한 바 있다.

인공생명체의 탄생

합성생물학 연구의 결과, 스스로 생명을 유지할 뿐 아니라 자손 번식까지 가능한 진정한 의미의 인공생명체가 세계 최초로 탄생했다. 2021년 미국 크레이그 벤터 연구소는 국립 표준기술연구소NIST, 매사추세츠공대MIT와 공동으로, 스스로 성장한 뒤 균일하게 분열하는 인공생명체 'JCVI-syn3A'를 합성하는 데 성공했다고 국제학술지 〈셀cell〉에 발표했다.

그에 앞서 2016년 크레이그 벤터 연구소 연구진은 생명체가 살아가는 데 필요한 아데닌(A), 티민(T), 구아닌(G), 시토신(C) 등 4종류의 염기를 인공적으로 합성한 53만 1천 개의 염기쌍으로 이뤄진 최소한의 유전자 473개로 구성된 단세포 인공생명체 'JCVI-syn3.0'을 합성했다고 발표했었다. JCVI-syn3.0은 생명체가 생존할 수 있는 최소한의 유전자만 갖춘 인공생명체로 평가받았지만, 증식한 딸세포의 크기와 형태가 고르지 못한 한계가 있었다. 연구진은 5년간 세포 분열에 관여하는 19개의 유전자를 찾아내 JCVI-syn3.0에 추가해 세포 분열이 고르게 개선된 인공생명체 JCVI-syn3A를 성공적으로

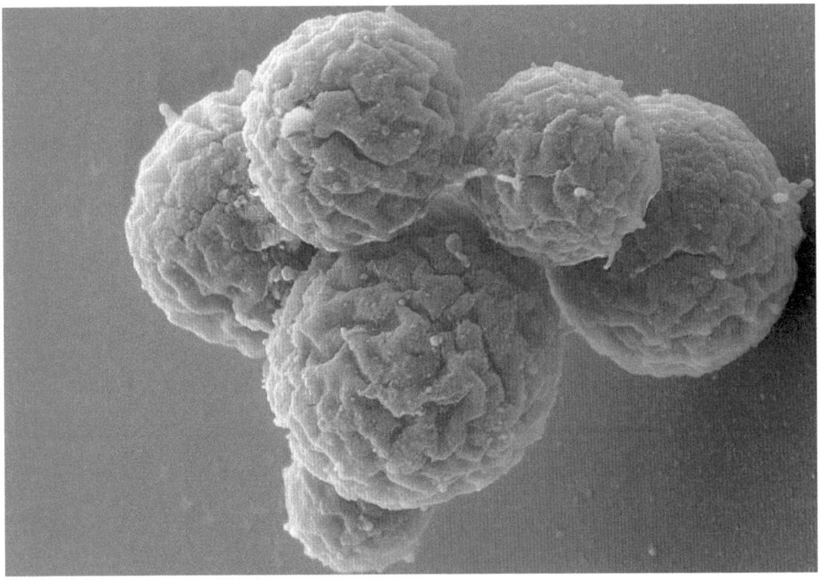

스스로 성장한 뒤 균일하게 분열하는 인공생명체, JCVI-syn3A

만들어 냈다. 새로 업그레이드된 JCVI-syn3A의 인공 합성 세포는 크기와 형태, 유전자 구성이 모세포와 딸세포가 완전히 일치했다. 연구진은 특수 전자현미경을 이용해 JCVI-syn3A 인공 세포가 살아서 증식하는 것을 성공적으로 관찰했다. 실험 기간 동안 세포 분열이 계속 일어나도록 영양분을 공급해 주는 일종의 미니 아쿠아리움도 설계했다.

JCVI-syn3A 유전자는 총 492개로 4천여 개의 유전자를 가지는 대장균이나 2만 5천 개 수준인 인간 세포와 비교하면 그 수가 아주 적다. 하지만 앞으로 이어질 연구 개발로 더 많은 유전자를 가진 인공생명체가 만들어질 것으로 기대된다. 인공생명체를 만드는 합성생물학 연구는 식품·약물·연료 등 유용한 물질을 경제적으로 생산할 수 있다는 기대감으로 최근 세계적으로 주목받고 있다. 특히 기존 미생물을 이용한 의약품 제작은 안전성 문제로 사용 승인을 얻기가 까다로웠지만 인공생명체를 이용하면 안전성 면에서 훨씬 유리하다는 장점이 있다.

합성생물학으로 인류의 난제를 해결할 수 있을까?

2019년 12월 중국에서 시작된 코로나바이러스 감염증COVID-19이 전 세계로 전파되었다. 코로나19의 원인 병원체는 '중증 호흡기 증후군(사스SARS)'과 유사한 CoV-2로 밝혀졌다. 코로나는 감염자의 호흡과 비말 접촉을 통해 쉽게 전파되어 성별, 나이, 인종, 국가와 관계없이 전 세계 모든 사람에게 공포의 대상이 되었다. 마침내 국제보건기구WHO에서는 전염병 대응의 최고 수준인 팬데믹을 선언했다.

코로나 덕분에 발전한 기술력

바이러스에는 DNA와 RNA 2종류가 있는데, 코로나바이러스는 RNA 바이러스에 속한다. 일반적으로 RNA 바이러스는 DNA 바이러스보다 변이종이 빈번하게 발생한다. 따라서 RNA 바이러스인 코로나바이러스에 변이종이 많을 수밖에 없다.

코로나19 이전에 사용된 백신은 인체 내에서 복제할 수 없도록 바이러스를 죽이거나 비활성화해 만든 비활성화된 바이러스 백신이었다. 그때까지만 해도 DNA 백신이나 '메신저 리보핵산mRNA' 백신, 바이러스 백터 백신과 같은 유전자 백신은 차세대 백신 기술로만 여겨졌다. 그러나 코로나19가 전 세계에 퍼지며 긴급한 상황이 되자 화이자, 모더나 등 다국적 제약회사들은 발 빠르게 mRNA 백신 생산을 유전자 합성 방식으로 전환했다.

이런 전환에는 합성 방식이 생산 속도가 빠르고 가장 진보된 기술이라는 이점이 크게 작용했다. mRNA 백신은 항원과 코로나19 병원체 유전자의 형태만 파악하면 대응할 수 있는 유전 정보에 상응하는 백신을 합성해서 만들면 되므로 빠른 개발이 가능했다. 실제로 모더나의 코로나19 백신은 전 생산 공정에 이틀이 소요된다. 화이자와 모더나가 코로나19 백신 상용화 과정에서 1, 2위를 차지했으며 전 세계 대부분 국가에서 주력 백신으로 사용되었다. 2022년도에 mRNA 유전자 조합으로 만든 코로나 백신은 200억 회분이 생산되어 전 세계에 공급되었다.

코로나19 mRNA 백신은 코로나19 바이러스의 표면을 구성하고 있는 스파이크 단백질과 유사한 모습의 단백질을 만들어 항원을 생성하는 원리이다. 백신을 접종하면 항원에 반응한 우리 몸속 선천성 면역이 즉시 공격을 시작하고 동시에 일부 면역세포(B세포 등)가 기억세포로 바뀌어 우리 몸속에 장기간 살아남는다. 접종 이후에 코로나19 바이러스가 다시 몸속에 들어와도 즉시 물리칠 수 있게 된다. 또 우리 몸에서 세포가 자체적으로 항원을 생산하기 때문에 다른 백신처럼 외부에서 항원 또는 항체를 배양해 애써 모을 필요가 없다.

mRNA 백신 이외에 다른 백신은 바이러스 벡터 백신이다. 얀센과 아스트라 제네카의 백신이 아데노바이러스 벡터를 이용한 비복제 백신이다. 바이러스 벡터 백신은 실제 바이러스 항원 유전자를 다른 바이러스 주형에 넣어 인체에 투여한다. 그러면 인체 안에서 단백질 항원이 만들어져 항체 형성을 유도하게 된다. 바이러스 벡터 벡신은 mRNA 백신보다 열에 강해 보관 및 유통 조건이 까다롭지 않다는 장점이 있지만, 생산 과정이 복잡하고 전달체 내의 유전물질 차이로 간혹 부작용이 발생한 사례가 보고되고 있다.

DNA 분석을 발전시킨 PCR

코로나19 팬데믹 상황을 겪으면서 거의 매일 접하게 된 단어 중 하나가 'PCR 검사'였다. PCR은 검출을 원하는 표적 유전물질을 증폭하는 방법으로 현재 대부분의 유전물질 실험에서 사용하고 있다. 이 PCR 검사는 코로나19 검사뿐 아니라 과거에는 해결할 수 없었던 미제 사건을 해결하는 데 활용되기도 한다. PCR을 고안한 캐리 멀리스Kary Banks Mullis 박사는 DNA 증폭 기술을 개발한 공로를 인정받아 1993년도 노벨화학상을 받았다.

물론 멀리스 이전에도 이런 연구는 있었다. 미국의 생물학자 아서 콘버그

Arthur Kornberg는 하나의 DNA가 두 개로 복제되는 메커니즘을 연구했다. 연구 결과 인체가 성장을 통해 몸이 커지면서 DNA 복제와 세포 분열이 수시로 일어나고, 이 과정에서 작용하는 효소가 인체 내에 존재하는 DNA 중합효소라는 사실을 알아냈다. 더불어 DNA가 복제될 때의 반응 온도는 인체 온도와 같은 37℃가 가장 적당하다는 사실도 밝혀졌다. 이 공로로 아서 콘버그는 1959년 노벨 생리·의학상을 수상했다.

DNA가 복제되는 과정에는 DNA 중합효소 외에 DNA의 재료로 사용되는 dNTP, 효소의 기능이 잘되도록 돕는 마그네슘 이온Mg2+, 어디서부터 복제를 시작할지를 결정하는 시발체Primer 등이 필요하다. DNA 복제 기전을 지퍼에 비유할 수 있다. 예를 들어 지퍼 한 줄에 반대편 지퍼의 조각들이 차례로 붙어 지퍼 한 줄이 완성되는 식이다. 이때 처음 붙는 지퍼 조각(시발체)의 위치에 따라 반대편 지퍼의 길이가 결정된다.

여러 과학자의 노력으로 완성된 PCR 기술

멀리스는 시발체만 증폭시켜 DNA 염기서열 앞, 뒷부분에 결합하면 원하는 DNA를 많이 복제할 수 있다고 생각했다. 그래서 이중나선으로 이뤄진 DNA에 열을 가해 한 줄씩 풀어준 뒤 시발체를 넣고 온도를 낮춰 DNA 한 가닥과 시발체가 서로 붙게 하는 실험을 했다. 멀리스는 이 방법을 이론적으로 고안해 1985년 논문으로 발표했지만 해결하기 힘든 문제가 남아 있었다. 멀리스가 고안한 방법으로 DNA를 복제하려면 반응 온도를 90℃ 이상 올려야 하는데

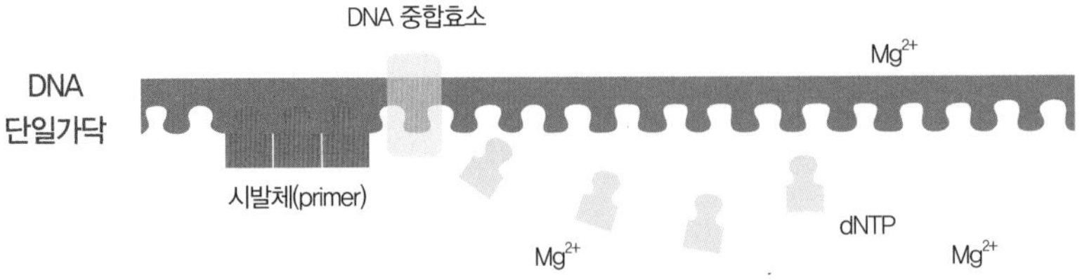

아서 콘버그가 고안한 DNA 복제 과정

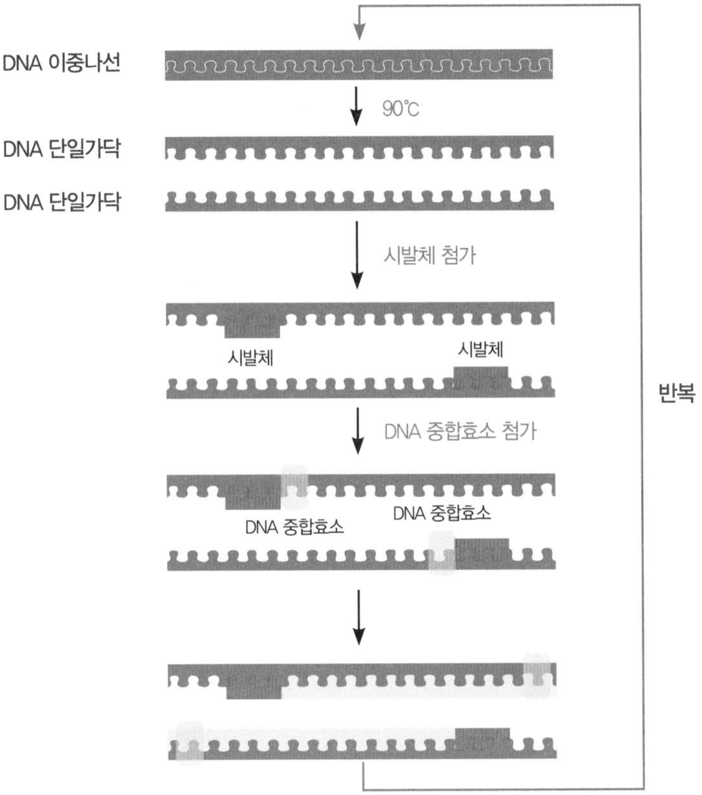

캐리 멀리스가 고안한 DNA 증폭 과정

고온에서는 DNA 중합효소가 제 역할을 하지 못했다. 대부분 단백질은 70℃ 이상이 되면 그 성질이 변해 고유 기능을 잃게 되기 때문이다. 따라서 한번 합성할 때마다 온도를 90℃로 높였다가 37℃로 낮춘 뒤 DNA 중합효소를 넣는 과정을 반복해야 했다. 게다가 37℃로 낮추면 기껏 한 가닥으로 분리된 DNA가 서로 붙어버리는 현상이 생겼다. 멀리스의 방법은 이론적으로는 그럴듯했지만, 현실에서는 사용할 수 없는 방법이었다.

이 문제를 해결한 사람은 바로 일본인 미생물학자 랜디 사이키였다. 그는 뜨거운 온천물에서도 생존하는 세균이 있다는 사실에 주목해 연구를 진행했다. 뜨거운 물에도 생존하는 세균에 DNA 중합효소가 있다면 멀리스가 고안한 PCR의 문제점을 해결할 수 있다고 생각했다. 실험 끝에 온천에 사는 세균의 단백질 중에서 DNA를 합성하는 단백질을 분리하는 데 성공했다. 높은 온도에서도 기능을 잘 발휘하는 DNA 중합효소를 찾은 것이다. 이 효소는 온천에서 살고 있다는 뜻으로 '더무스 아쿠아티쿠스Thermus Aquaticus, Taq'라고 이름 붙여졌다. Taq DNA 중합효소가 최초로 보고된 건 1969년 미국의 미생물학자 토머스 브록에 의해서였지만, Taq DNA 중합효소를 이용해 PCR 기술을 완성한 것은 이때부터였다.

멀리스가 고안한 PCR 기술에 Taq DNA 중합효소를 쓰자 끓는 물에서 아무 문제 없이 DNA를 합성할 수 있었다. 높은 온도에서도 파괴되지 않으니 DNA 중합효소를 계속 넣어주지 않아도 되고, 두 가닥으로 분리된 DNA가 다시 붙어버리는 문제도 해결할 수 있었다. 이 연구 결과는 곧 세계에 알

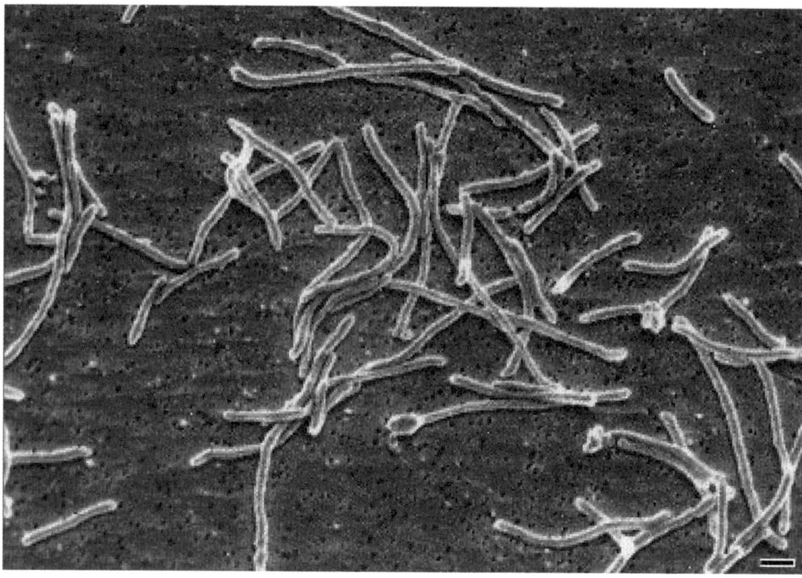

뜨거운 온천에서도 생존하는 Taq DNA 중합효소

려졌고 사이키가 분리한 Taq DNA 중합효소는 특허 취득 후 판매를 시작하며 날개 돋친 듯이 팔렸다. 이는 또한 극히 미량의 DNA를 무한정 증폭할 수 있어 분자생물학 연구실험실은 물론 법의학, 고고학 등 DNA를 대상으로 하는 수많은 연구실에서 필수적인 방법으로 쓰기 시작했다. 최근에는 코로나19 확진을 판정하는 데 있어서 이 기법을 활용한 PCR 분석 기술이 활용되었다.

PCR 기술이 높은 평가를 받는 이유는 활용 가치가 무한하기 때문이다. 무엇보다 PCR 기술은 유전체 분석에 절대적인 역할을 해 유전자 혁명을 이끈 주역이다. 유전자 가위 기술의 개발 역시 PCR이 중요한 역할을 했고, 특히 앞서 기술한 인공생명체 합성을 성공시킬 수 있었던 것도 이 기술이 동원된 것이라고 할 수 있다. 나아가 과학자들은 PCR의 기본 개념에 자신만의 독특한 아이디어를 추가해 새로운 기술을 계속해서 개발하고 있다. PCR이 어디까지 응용될지 지켜보는 재미도 있을 것이다.

제4장

체세포 복제와
인간 수명 이야기

1
인간 수명 연장의 끝은 어디인가

유전공학은 노화와 인간 수명에 접근하는 방식에 혁명을 일으킬 잠재력을 가지고 있다. 노화 관련 질병의 위험을 줄이는 데 유전자 조작의 이점은 분명하다. 그러나 유전공학 기술의 윤리적 의미는 다소 복잡해 다면적인 접근이 필요하다.

노화와 수명을 결정하는 텔로미어의 비밀

세계 최초 인공지능 바둑 프로그램 '알파고'를 만든 구글은 2013년 칼리코라는 바이오 회사를 설립하고 수명 연구에 착수했다. 칼리코의 과학자들은 벌거숭이두더지쥐의 혈액과 분비물을 분석해 수명과 관련 있는 물질을 찾는 동시에, 벌거숭이두더지쥐의 유전자를 해독하는 프로젝트를 진행했다. 동물의 유전자를 해독하려면 표준이 되는 유전자지도가 필요한데, 칼리코는 구글의 인공지능 기술을 활용해 표준 유전자지도 없이 특정 동물의 유전자를 분석하는 기술을 개발했다.

칼리코는 두 번째 연구 대상으로 빵이나 술을 발효시킬 때 사용하는 '효모'를 선택했다. 칼리코의 연구팀은 효모를 배양하면서 동시에 오래된 세포를 분리하는 기술을 공개했다. 현재는 이를 기반으로 수명을 연장하는 단서를 찾기 위해 오래된 세포와 새로운 세포의 유전자가 어떻게 다른 작동을 하는지 추적하는 연구가 진행 중이다. 칼리코의 신시아 케니언 부사장은 선충의 DNA를 조작해 기존 3주였던 선충의 수명을 두 배인 6주로 늘린 실험에 이미 성공했다고 발표했다. 칼리코의 과학자들은 이와 같은 방식이 포유동물에게도 가능할 것이라고 믿고 있으며 관련 연구를 지속하고 있다.

텔로미어의 꼬리 길이에 주목하라!

앞서 3장에서 텔로머레이스 유전자가 텔로미어Telomere를 생성하는 데 도움이 된다고 설명했다. 인간 수명에 대해 말할 때 제일 많이 등장하는 단어가 바로 '텔로미어'인데, 바로 이 텔로미어에 수명을 조절하는 유전자가 있다고 알려져 있다. 사람을 포함한 모든 동물은 세균과 달리 염색체 말단에 고유한 염기서열의 반복 구조와 특정 단백질이 결합한 텔로미어가 존재한다.

엘리자베스 블랙번 교수는 텔로미어가 염색체 말단 양 끝에서 염색체를 보호한다는 사실을 밝혀 2009년 노벨 생리의학상을 수상했다. 블랙번 교수는 텔로미어를 신발 끈 끝부분에 있는 딱딱한 플라스틱 꼭지에 비유했다. 신발 끈이 닳거나 풀어지는 걸 막는 플라스틱처럼, 텔로미어가 텔로머레이스를 보호한다. 하지만 세포가 분열할 때마다 효소의 작용이 줄어들면서 점점 텔로미어 염색체 말단이 짧아지고 결국 세포가 죽게 된다. 결국 텔로미어는 노화와 수명의 타이머 역할을 한다고 볼 수 있다.

사람의 경우 체세포의 일정한 세포 분열 이후에 텔로머레이스 효소가 작용하지 않게 되고 텔로미어 염색체의 길이 역시 더 이상 짧아질 수 없을 정도의 길이가 된다. 이 현상이 바로 세포의 '노화'이다. 모든 기관을 이루는 조직세포는 그 기능에 따라 수명이 달라 기관마다 각기 다른 수명을 가지고 있다. 조직세포가 사멸하게 되면 근처의 줄기세포가 분열하면서 죽은 세포의 역할을 대신해 기관 고유의 역할을 유지하게 된다. 그러나 해당 기관의 조직세포 가운데 죽는 세포가 신생 세포보다 더 많아지면 노화에 접어들고, 한계점에 도달하면 그 기관은 사멸하고 만다. 인간은 단 한 가지 기관이라도 망가지면 사망에 이르게 된다. 식물세포가 물질을 합성하는 쪽으로 진화해왔다면 반대로 동물의 세포는 물질을 분해하는 쪽으로 진화되었다고 할 수 있다.

기능성 화장품과 신약 개발에 활용되는 텔로머레이스

텔로미어 연구의 선구자인 빌 앤드루스Bill Andrews 박사는 2011년 텔로미어 화장품을 연구·개발하는 데 성공했다. 노인의 피부는 젊은 사람의 피부에 비해 상처가 나면 잘 아물지 않는다. 그 이유는 노인이 되면 피부세포의 성장

속도가 감소하기 때문이다. 상처 나고 손상된 피부 조직을 원 상태로 재생하기 위해 세포 분열을 거듭할수록 피부세포 내의 염색체 말단 부위인 텔로미어가 짧아진다. 그 길이가 5천 염기쌍 이하로 짧아지면 더 이상 피부세포가 세포 분열을 못 하게 된다.

텔로미어는 염색체의 끝부분에 붙어 염색체의 안정성을 유지하는 역할도 한다. 길이가 짧아지면 염색체를 보호하지 못 하고 결국 염색체끼리 융합된다. 이 융합염색체는 비정상적인 하나의 신호로 작용해 '세포 자살Apoptosis'을 초래하거나 세포 주기를 저지하는 신호가 된다. 텔로미어가 짧아진 세포는 세포 분열을 지속하지 못 해 결국 죽게 되는 것이다. 나이 들어 생기는 주름, 피부의 탄력 저하, 피부 면역 기능 저하 등 모두가 피부세포의 노화에서 오는 결과이다.

텔로미어는 우리 몸이 성장하면서 세포 분열을 통해 그 길이가 줄어든다. 태어날 때는 1만 5천 염기쌍이었던 것이 세포 분열로 5천 염기쌍으로 줄어들어 더 이상 세포 분열을 못 한다. 그런데 짧아진 텔로미어의 길이를 늘일 수 있는 효소가 발견되었는데 그게 바로 '텔로머레이스'다. 텔로머레이스 효소는 다른 효소와는 다르게 단백질 외에 추가로 RNA 분자를 포함하는 특징이 있다. 텔로머레이스 RNA 염기서열은 DNA 복제에 바탕이 되는 분자로 작용해 텔로미어를 성장시킨다. 텔로미어가 텔로머레이스를 보호하고, 텔로머레이스가 텔로미어의 길이를 늘인다. 결과적으로 텔로머레이스와 텔로미어는 상호 보완적인 염기서열이다. 이러한 구조 때문에 텔로머레이스는 DNA 중합효소와 독자적으로 DNA의 염기서열 끝에 텔로미어 염기서열을 덧붙여 연장할 수 있다. 즉, 텔로머레이스 효소는 텔로미어 염색체 끝의 DNA 서열을 늘여준다.

텔로미어 말단의 반복 서열을 늘리는 데 효과적인 텔로머레이스의 활성을 유도하면 사멸 단계에 있는 체세포의 분열을 재개시켜 노화 또는 사멸 단계의 세포가 살아나고, 손상된 조직의 회복을 유도할 것으로 예상된다. 따라서 텔로머레이스 활성을 증대시키면 알츠하이머와 같은 퇴행성 신경 질환의 치료와 예방, 감염 병원균을 죽이는 면역세포의 조기 노화로 발병하는 HIV의 치료, 외상 피부치료, 골수 이식 등의 치료에 도움이 될 수 있다.

무엇이 자연 수명을 지배하나?

기록에 따르면 인간의 평균 수명은 기원전 500년 고대 그리스 시대에는 18세, 기원후 100년 로마 시대에는 25세, 그리고 1900년에는 47세로 점차 늘어났다. UN의 발표에 따르면 2020년 세계인의 평균 수명은 69.6세이며 한국인의 평균 수명은 83.2세로 일본 84.7세에 이어 세계에서 두 번째로 길다. 기네스북에 가장 오래 산 사람으로 기록된 이는 1977년 122세의 나이로 사망한 프랑스 여성 잔 칼망Jeanne Calment이다. 그녀가 태어난 1875년의 평균 기대 수명이 대략 43세였다는 것을 고려하면 기대 수명의 3배가 넘는 세월을 산 것이다. 2024년 기준 기네스북에 오른 세계 최고령자는 미국의 마리아 할머니로 117세를 맞이했다.

시대에 따라 인간 수명이 커다란 차이를 보이는 것을 어떻게 해석할 수 있을까? 혹자는 의학의 발전을 그 이유로 들지만 그것만으로 설명하기는 부족한 점이 많다. 그렇다면 불과 2500년 사이에 인간의 수명 DNA가 변형되었단 뜻일까? 다른 동물의 수명도 인간처럼 길어진 걸까? 인간 수명 DNA가 변해 수명이 길어졌다는 가설 역시 이해하기 어렵다.

인간의 기대 수명은 어디까지 늘어날까?

아이러니하게도 인간의 기대 수명 예측은 보험사가 사망보험료를 책정할 때 객관적인 근거로 활용하기 위해 시작되었다. 기대 수명을 계산하는 방법으로 가장 오래, 널리 사용되는 것은 바로 19세기 영국의 보험업자 벤자민 곰퍼츠가 발표한 '곰퍼츠Gompertz 함수'이다. 이 함수에 따르면 인간은 30세 이후 8~9년마다 질병으로 인한 사망률이 2배 가량 증가한다. 인간을 포함한 대부분 동물의 노화와 수명은 일반적으로 나이가 들수록 사망률이 지수함수적으로 증가한다는 '곰퍼츠 함수' 법칙이 적용된다. 즉, 고령일수록 사망률이 높아지는 것이다. 곰퍼츠 함수는 최근까지도 보험사들의 건강 보험료 계산에 사용되었다.

최근에는 싱가포르, 러시아 및 미국의 연구자들이 인간의 최대 수명을 추정하기 위한 연구를 진행했다. 컴퓨터 모델을 사용한 연구 결과 인간 수명의 한계는 약 150년이라고 추정했다. 이는 최장수 인간으로 기록된 잔 칼망보다 28년을 더 살 수 있다는 것으로, 인간의 기대 수명을 25% 이상 더 늘릴 수 있다는 의미이다.

물론 학자마다 인간 수명에 대한 견해는 다르다. 시카고대 제이 올샨스키 Jay Olshasnky 교수는 2150년이 되더라도 130세 이상 사는 사람은 없을 것이라고 주장하는 한편, 미국 앨라배마대 스티븐 어스태드Steven N. Austad 교수는 150세까지 사는 사람이 나올 것이라고 주장한다. 두 과학자는 각자 자기주장에 150달러를 신탁회사에 맡겨 두고 이기는 편의 자손이 수익금을 갖기로 하는 내기를 하기도 했다. 이 내기는 2000년 〈사이언스〉에 발표된 '1861~1999년 스웨덴인의 수명' 관련 논문이 기폭제가 되었다. 1750년대 40년이던 수명은 90년대 50년, 2000년대 80년으로 증가했고, 이 추세라면 2364년에는 150년을 사는 사람이 있을 수 있다는 내용이었다. 여전히 과학자들은 이 문제에 대해 갑론을박하고 있지만, 분명한 건 인간 수명은 계속해서 연장되고 있다는 사실이다.

미국 로체스터대학 생물학 연구팀은 유전자 조절이 수명 연장의 단서가 될 수 있다는 새로운 연구 결과를 발표했다. 유전자 발현을 조절하는 메커니즘이 있다는 것을 밝혀내 노화 및 노화 관련 질병 퇴치를 위한 새로운 목표를 제안했다. 자연선택에 따라 포유류는 서로 다른 속도로 노화가 진행된다. 최대 41년까지 살 수 있는 벌거숭이두더지쥐는 비슷한 크기의 설치류보다 거의 10배 더 오래 사는 셈이다. 이런 유전자의 특성과 유전자 발현을 제어하는 두 가지 조절 시스템이 수명에 중요한 역할을 한다는 것이 밝혀졌다. 수명이 2년에 불과한 피그미쥐부터 41년까지 사는 벌거숭이두더지쥐까지 다양한 수명을 가진 포유류 26종의 유전자 발현 패턴을 비교하여 수명과 상관관계가 있는 유전자를 확인한 것이다. 수명이 긴 종은 에너지 대사와 염증에 관여하는 유전자의 발현이 낮았다. 반대로 에너지 대사 및 염증에 관여하는 유전자의 발현이 높고 DNA 복구, RNA 수송 및 미세소관 조직에 관여하는 유전자의 발현이 낮은 경우는 수명이 짧은 경향이 있다는 게 밝혀졌다.

이 연구 결과는 노화와 노화 관련 질병의 퇴치를 위한 새로운 목표를 제공했다는 점에서 의미가 있다. DNA 복구 및 RNA 수송, 미세소관에 관여하는 수명 유전자는 다능성 네트워크에 의해 제어된다. 이 다능성 네트워크는 체세포를 재프로그래밍해 노화 진행에 따라 흩어진 배아세포의 DNA를 재포장하고 이를 통해 세포가 재생되게 한다.

이런 연구 결과로 수명 연장 핵심 유전자를 활성화하는 새로운 노화 방지의 길이 열렸다. 머지않아 수명 연장에 관여하는 유전자의 발현을 증가시키고, 수명 단축 유전자의 발현을 억제하는 방법이 제시될 것으로 보인다.

DNA 분석으로 수명을 추정하다

과학 저널 〈사이언티픽 리포트〉에 따르면 오스트레일리아 연방과학원의 분자생물학자 벤저민 메인과 웨스턴 오스트레일리아대 연구진은 척추동물 252종의 유전자를 분석해 수명과 관련된 유전자 42개를 발견했다. 이를 바탕으로 동물이 얼마나 오래 살 것인지 예측하는 '수명 시계Lifespan Clock'를 만들었다. 연구에 따르면 북극고래는 기존 예상보다 57년 더 긴 268년 동안 살 것으로 예측했고 향고래는 92년, 혹등고래는 93년으로 예측했다. 수명 시계와 더불어 DNA의 변화를 탐색해 동물의 나이를 측정하는 기술도 개발됐다.

이런 기술을 활용해 멸종된 털매머드가 약 60년을 살았음이 밝혀졌고, 가장 오래 살아 있는 포유동물 중 하나로 알려진 나비 머리 고래는 앞으로도 2세기 반 이상 생존할 것으로 예측되었다. 이처럼 척추동물의 수명은 매우 다양하다. 작은 물고기 피그미 고비는 8주밖에 살지 못하는 반면, 그린란드 상어는 400년 이상 사는 것으로 추정되고 있다. 멸종된 핀타섬의 거대한 땅거북이는 수명이 120년으로 추정된다. 이 종의 마지막 거북이 론섬 조지 Lonesome George는 2012년 112세의 나이로 사망했다.

연구진은 이 수명 측정 모델을 인간의 수명에도 적용했다. DNA에 기반한 현대인의 '자연적' 수명은 38년으로 추정된다. 이것은 초기 현대 인류에 대한 일부 인류학적 추정치와 일치하는 결과다. 현생 인류와 밀접한 관련이 있는 멸종된 네안데르탈인과 데니소바인의 최대 수명이 37.8년이었다. 그러나 의학 기술의 발달과 생활양식의 변화가 200년 동안 인간의 평균 수명을 두 배 이상 늘리는 결과를 만들었고, 이는 어떠한 법칙이나 이론으로도 해석이 안 된다.

인간 수명 연장과 유전자 조작의 윤리적 의미

인간의 복제와 유전자 조작은 윤리적으로도 법적으로도 엄격히 금지되어 있다. 다만 질병 치료를 목적으로 하는 일부 유전자 조작은 허용된다. 특히 수명 관련 연구에서 동물을 대상으로 수명 유전자와 그와 관련된 유전자 조작 연구가 활발히 진행되고 있다. 농작물 품종 개량을 위한 유전자 조작은 자유롭게 할 수 있으나 조작 단계의 과정은 엄격히 통제된다.

유전공학의 잠재적인 이점에도 불구하고 고려해야 할 윤리적 문제가 있음은 분명하다. 우려 사항 중 하나는 유전자 치료에 대한 불평등한 접근이 기존의 사회적 · 경제적 불평등을 악화시킬 수 있다는 것이다. 또 다른 우려는 인간의 수명을 조작하는 것이 환경과 미래 세대에 의도하지 않은 결과를 초래할 수 있다는 것이다. 이런 윤리적 문제를 해결하기 위해서는 유전자 치료에 모든 개인이 접근할 수 있는 경제성과 안정성 보장이 포함돼야 한다. 그렇기 때문에 인간 수명 연장에 있어 유전자 변형이 갖는 윤리적 영향에 대한 공개 토론과 교육이 필요하다. 이는 유전자 치료의 잠재적 이점과 위험성에 대한 인식을 높이고 대중이 자신의 선택을 인지하는 데 도움이 될 것이다.

유전공학이 인간의 수명을 연장하고 노년기의 신체적·정신적 건강을 향상시킬 잠재력을 가지고 있음을 누구나 인정한다. 하지만 우리는 기존의 사회·경제적 불평등을 악화시킬 위험, 의도치 않게 환경과 미래 세대에 미치는 영향, 기타 긴급한 사회 및 건강 문제를 포함해 유전공학 기술의 윤리적 영향을 고려해야 한다. 그러기 위해서는 유전공학의 윤리적 지침과 규정을 마련하고, 유전자 치료의 접근성과 경제성을 보장하며, 공개 토론과 교육을 장려해야 한다. 이런 방법들을 통해 인간 수명을 연장하기 위한 유전공학의 경쟁과 이익 사이의 균형을 맞출 수 있을 것이다.

2
아빠 없이도 복제가 가능하다!

생물은 본능적으로 자신을 닮은 개체를 만들어 자신의 생존방식을 후대에도 지켜나가도록 한다. 하지만 21세기에는 생존을 위한 생식을 넘어 생명 복제의 시대가 도래했다. 생명 복제란 한 생명체와 똑같은 유전 형질을 가진 생명체를 만드는 기술을 의미한다. 인위적으로 탄생한 생명의 등장은 우리에게 어떤 의미를 지닐까?

일란성 쌍둥이처럼 꼭 닮은 체세포 복제

모든 생물은 진화 과정에서 필요에 따라 유전자를 선택하면서 살아남아 진화해왔다. 생물은 자신과 닮은 여러 개체를 만들고 그 개체가 자신의 생존방식을 지켜나가도록 하는 생식본능을 지니고 있다. 생식 방법으로는 무성생식과 유성생식이 있는데 지구 최초의 생물들은 무성생식을 해왔다. 38억 년 전 탄생한 원시 생명체는 암수의 성이 없었고, 아메바처럼 개체들끼리 융합하는 형식으로 유전물질이 합쳐지기도 하고 손상되기도 하면서 유전물질이 변화해왔다.

지구상에 생물이 처음 탄생한 후 24억 년 동안은 증식 방법으로 자신과 닮은 개체를 늘려온 것으로 알려진다. 시간이 지나면서 친화성이 있는 개체끼리 완전하지는 않지만, 원시적으로 성적 유전물질의 교환이 있었던 것으로도 추정된다. 생물의 완전한 암수 성 구별은 12억 년 전부터 분화된 것으로 확인된다. 여기에서 '번식Reploduction'과 '증식Replication'은 확연히 다르다. 번식은 암수의 성 결합으로 후대를 생산한다는 뜻이고, 증식은 성 결합 없이 자신과 닮은 개체를 무성적으로 만든다는 뜻이다. 성 결합 없이 이뤄진 무성적 생식을 '처녀생식'이라고도 한다.

박테리아, 곰팡이. 바이러스와 같은 미생물부터 채찍꼬리도마뱀, 해파리, 산호, 히드라에 이르기까지 많은 생물이 무성생식을 한다. 꿀벌, 개미, 진딧물, 물벼룩, 성게, 귀상어 등의 생물은 두 가지 방식으로 생식을 하는데 환경에 따라 유리한 쪽을 선택한다. 진딧물은 늦은 봄부터 초가을까지는 처녀생식으로 암컷만을 낳고 날씨가 추워지는 늦가을부터는 유성생식을 선택해서 알을 낳는다. 겨울을 넘기고 봄이 되면 이 알이 부화해 성체가 되어 처녀생식을 반복한다. 이처럼 다양한 생물들은 자신의 방식에 맞는 생식방식을 선택해 후대를 이어간다.

포유류도 처녀생식이 가능하다?

포유류에 속하는 인간은 처녀생식으로 자손을 만든 사례가 없다. 다만 예외는 있다 그리스 신화에서 헤라는 처녀생식으로 아들 헤파이스토스를 낳았고, 성서에는 성모마리아가 예수를 낳았다고 되어 있다. 처녀생식일 경우 헤파이스토스와 예수는 여성이어야 하지만 모두 남자다. 헤라와 성모마리아는 여자일 뿐 아니라 성염색체가 XX로 되어 있어 XY인 남자를 낳을 수 없기 때문에 유전학적으로 설명이 불가능하다.

그런데 2023년 현재는 생명공학 기술의 발달로 고등동물인 포유류도 처녀생식이 가능하게 되었다. 암컷의 난자에 그 체세포 핵을 이식해 모체의 DNA와 유전적으로 100% 일치하는 2세를 만들 수 있게 되었다. 그러나 수컷은 스스로 난자를 못 만들기 때문에 다른 암컷의 난자에 수컷의 체세포 핵을 이식해야 하므로 본래 수컷의 DNA와 100% 일치할 수 없다. 암컷의 난자에 미토콘드리아 DNA가 포함되어 있기 때문에 100%는 아니지만 99.99% 동일한 2세를 만들 수는 있다. 물론 인간의 체세포 복제는 금지되어 있다.

과학자들은 이러한 고등동물의 체세포 복제를 오래전부터 시도해왔다. 대표적인 게 체세포 핵 치환이다. 체세포 핵 치환은 난자의 핵(반수성, n)을 제거한 후, 체세포의 핵(배수성, 2n)을 이식해 복제하는 기술로, 체세포 복제라고도 부른다. 처음으로 포유동물의 체세포 복제에 성공한 사례로는 복제 양 '돌리Dolly'가 있다. 체세포 핵 치환의 시작은 이보다 먼저인 1962년 영국의 존 거든John Bertrand Gurdon 교수가 발표한 논문에서 시작된다. 존 거든은 핵이 제거된 개구리의 알에 올챙이의 장 상피세포에서 얻은 핵을 이식해 올챙이와 유전적으로 같은 개구리를 탄생시켰다는 내용의 논문을 발표했다. 이것이 최초의 체세포 핵 치환이며 이로써 세포의 역분화 가능성이 증명되었다. 지금까지 체세포 복제로 탄생한 동물은 생쥐, 면양, 돼지, 소, 원숭이 등이 있다.

생물의 생존 전략, 유성생식

성(性)의 기원에 대해서는 다양한 이론이 제시되었다. 성이 존재하는 이유를 진화론에 입각해 설명한 최초의 인물은 독일의 과학자 아우구스트 바이스만August Weismann이다. 그는 유전적 혼합이 종의 다양성을 증가시키고, 자연선택의 선택지를 늘리므로 진화에 유리하다고 주장했다.

현대 유전학의 개척자인 영국의 로널드 피셔Ronald Aylmer Fisher와 미국의 허먼 멀러Hermann Muller는 바이스만의 주장에 이어 성을 가진 생물이 진화 경쟁에서 유리한 점을 설명했다. 이들의 견해는 '변절자 이론'이라고 한다. 변절자vicar of bray는 16세기 영국의 한 성직자가 새로운 군주가 즉위할 때마다 신교와 구교를 아침저녁으로 바꾸면서 약삭빠르게 처신했다는 일화에서 생겨난 용어다. 성을 가진 생물이 환경 변화에 재빠르게 적응할 수 있어 진화에 유리하다는 주장이었다. 변절자 이론은 이후 100년 동안 정설로 여겨졌고 생물학 교과서에 표준이론으로 소개되었다. 그러나 1970년대부터 성에 대한 전통적인 해석에 논리적 오류가 있다는 지적이 생물학자들 사이에 공감대를 넓혀갔다.

유전자 관점의 진화론을 정립하는 데 큰 공헌을 한 대표적인 진화 생물학자는 조지 윌리엄스George Williams다. 그는 변절자 이론의 기초를 이루는 집단 선택 이론은 자연선택이 개체가 아닌 집단에 작용하는 것으로 보는 것에 오류가 있다고 주장했다. 어느 생물도 자신을 희생하면서까지 종을 돕는 방향으로 진화하지 않는다는 논리다. 윌리엄스는 생식을 복권 뽑기에 비유했다. 무성생식은 같은 번호의 복권을 여러 장 가진 것과 마찬가지이므로 당첨될 확률이 낮지만, 유성생식은 다른 번호의 복권을 여러 장 가진 셈이므로 당첨될 가능성이 훨씬 크다는 것이다.

무성생식으로 태어난 개체는 모두 유전자가 똑같아 만일 기생생물이 출현한다면 순식간에 모든 개체를 정복하게 된다. 반대로 유성생식으로 태어난 개체는 모두 유전자가 달라 한 개의 열쇠로 모든 자물쇠를 다 열 수 없는 것처럼 기생생물 역시 다양한 개체를 효율적으로 공략할 수 없다. 결국 성은 모든 세대에 걸쳐 질병을 일으키는 기생생물의 공격을 방어하는 수단이 된다. 이런 내용을 바탕으로 유성생식이 생존에 더 유리하다는 게 윌리엄스의 이론이다.

유전학자들이 보는 성의 진화 이론

개체에 제공되는 성의 다양성이 진화를 가속하는 중요한 요소라고 주장하는 윌리엄스의 이론은 세월이 흐르면서 과학자들에 의해 다양하게 변형되었다. 특히 유전학자들은 '돌연변이 이론'을 주장한다. 성이 유전적 다양성을 증진하기보다 도리어 제한하기 위해 존재한다는 이론이다.

유성생식을 위해서는 두 가지 상호보완적인 과정을 거친다. 첫째, 암수가 생식세포를 만들어야 한다. 생식세포는 원래 체세포가 가진 2배체(2n) 염색체의 절반인 1배체(n)를 가진다. 이렇게 염색체가 반으로 나뉘는 세포 분열을 감수분열이라고 한다. 감수분열의 결과 생식세포인 정자와 난자가 형성된다. 둘째, 암수 생식세포가 서로 만나 수정돼 하나로 융합된다. 융합세포의 염색체 수는 원래의 2배체로 돌아가고 이 세포가 분열, 성장해 새로운 생명체가 된다.

이때 유전자를 이루는 물질인 DNA에는 두 종류의 오류가 발생한다. 하나는 DNA가 손상되는 경우이고, 다른 하나는 DNA가 잘못 복제되는 경우이다. 전자는 DNA가 분자 수준에서 인식돼 복구할 수 있는 것으로 복제되거나 유전되지도 않는다. 후자는 DNA가 분자 수준에서 인식이 불가능해 복구될 수 없으며, DNA가 복제되어 유전된다. 전자의 복구 가능한 오류에 주목한 분자생물학자들과 달리, 복구 불가능한 오류에 관심을 가진 유전학자들이 주장한 것이 바로 '돌연변이 이론'이다.

성의 존재 이유에 대해 서로 다른 차원에서 다양한 해답을 내놓고 있으나 누구나 동의하는 정답은 아직 없다. 한 가지 분명한 것은 성을 가진 생물이 환경 변화에 재빠르게 적응할 수 있어 성은 종에게 유리하게 진화해왔다는 점이다.

세상에서 가장 유명한 동물, 복제 양 돌리

돌리는 1996년~2003년는 세계 최초로 체세포 복제를 통해 태어난 포유류다. 1997년 영국 에든버러의 로즐린 연구소가 돌리 복제 성공을 발표했다. 연구팀은 스코틀랜드 암양 난자의 핵(n)을 제거하고 대신 6살짜리 핀란드 암양 유선(젖샘)의 체세포의 핵(2n)을 삽입해 복제했다. 난자를 제공한 양과 체세포를 제공한 양 모두 암양이다. 276개 난자의 착상을 시도했지만 계속 실패하다가 277번째 수정란 착상이 성공해서 돌리가 태어났다. 젖샘 세포를 사용했다는 것을 강조하기 위해 가슴이 큰 미국의 가수 돌리 파튼의 이름을 따서 '돌리'라는 이름을 지었다는 이야기가 있다.

돌리는 암컷과 수컷의 교배 없이, 암컷의 난자와 또 다른 암컷의 젖샘 체세포만으로 태어난 최초의 복제 동물이다. 돌리는 1998년에 보니, 1999년에 샐리와 로지, 2000년에 루시, 달시, 코튼이라는 새끼들을 자연 임신으로 낳았다. 하지만 돌리는 태어난 지 6년 만인 2003년 2월 14일에 폐선종에 걸려 안락사되었다. 양의 평균 수명이 약 12년인 것을 고려하면 매우 단명한 편이다.

돌리 데이터 덕분에 체세포 복제로 수명을 비롯한 모든 것을 복제할 수 있다는 설에 힘이 실렸다. 돌리는 이미 노화가 진행된 암양을 복제했기 때문에 돌리의 수명 역시 그 암양의 남은 수명만큼 짧아졌다. 즉, 체세포 복제로 태어난 개체의 유전적인 나이는 체세포를 제공한 성체의 잔여 수명과 같다. 돌리에게 나이가 많은 양에게서 주로 나타나는 질병인 관절염이 생애 초기에 나타

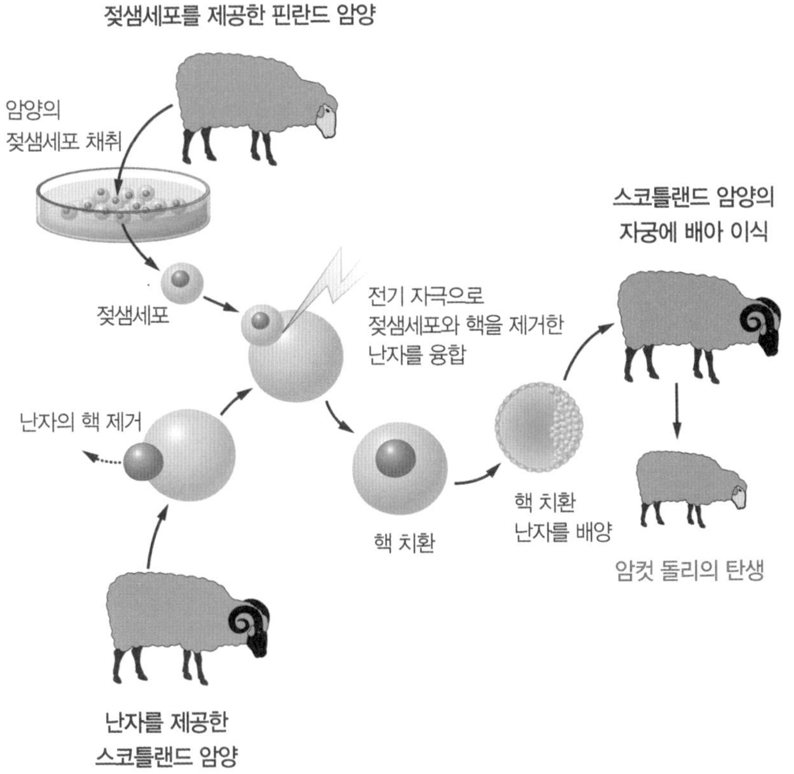

복제양 돌리(Dolly)의 탄생 과정

났다는 점을 주목해야 한다. 사람으로 치면 20~30대 청년기에 퇴행성관절염이 나타난 것이다. 1981년부터 여러 과학자에 의해서 쥐, 양, 토끼 등이 복제되었지만, 돌리가 특별한 것은 다른 복제 동물과는 달리 완전히 성장한 체세포로 복제된 최초의 포유류라는 점이다. 사후 돌리는 스코틀랜드 국립 박물관에 박제되어 전시 중이다.

우리 집 강아지도 복제하는 시대

세계 최초 포유동물 복제로 태어난 돌리가 세상에 많은 관심을 받게 되면서 과연 어디까지 복제가 가능할지 사람들의 관심이 모아졌다. 가축이나 반려동물뿐만 아니라 멸종 위기 동물들까지 복제할 수 있을 거란 기대감에 체세포 복제 기술 활용에 대한 관심 또한 높아졌다.

체세포 복제는 핵이 제거된 난자에 체세포의 핵을 이식하는 기술이다. 현재 이 기술은 질병 치료와 복제를 목적으로 이용되고 있다. 최초의 복제 양 돌리 이후 2018년 중국 상하이 연구팀은 원숭이를 성공적으로 복제했다고 발표한 바 있다. 지금까지 소, 말, 노새, 양, 염소, 돼지, 토끼, 고양이, 생쥐, 쥐 등 20여 종류 동물들이 체세포 복제에 성공했다.

동물 복제는 연구 단계에서 산업화로 접어든 지 오래다. 동물 복제 방법 중 대형가축을 대상으로 한 배아복제가 가장 먼저 실용화되었다. 젖소가 우유 생산성은 우수하나 질병에 취약한 경우, 젖소의 난자와 질병에 강한 수컷 소의 정자를 인공수정 한다. 인공수정 과정에서 상실기의 배아를 여러 개로 분할·복제하면 우유 생산성도 우수하고 질병에도 강한 우량 젖소를 여러 마리 복제할 수 있어 오래전부터 축산업에서 실용화되었다. 이런 배아복제는 암수의 유전자를 반반씩 가져 암수의 우량형질을 이어받는 효과를 가지게 된다.

반면 개의 체세포 복제는 난모세포의 시험관 배양이 어려워 복제에 성공하기까지 쉽지 않았다. 오랜 연구 끝에 2005년 한국 서울대 연구팀은 최초로 개의 체세포 복제로 스너피를 탄생시키는 데 성공했다. 스너피는 아프간 사냥개인 타이의 체세포에 있는 핵을 다른 개의 난자에 집어넣는 체세포 핵 치환 방식으로 태어났다. 스너피를 복제해 탄생한 개는 총 네 마리로 이 중 수컷은 없고 모두 암컷만으로 구성되었다. 스너피의 탄생으로 반려동물도 복제할 수 있는 시대가 되었다.

죽은 우리 강아지가 돌아왔어요

가족이라고 생각했던 반려동물이 사망했을 때 많은 이들이 괴로움을 느끼고, 심한 경우 상실감과 우울증이 깊어지는 펫로스 증후군이 생기기도 한

복제 견 스너피는 아프간하운드의 체세포를 래브라도 리트리버 대리모견에 삽입해 태어났다. 스너피는 유전적으로 아프간하운드와 동일하다. (©서울대 수의대)

다. 펫로스 증후군을 겪던 우리나라 유튜버가 죽은 반려견을 복제했다는 사실이 알려지면서 동물 복제 이슈가 다시 수면 위로 떠올랐다. 죽은 반려동물 복제는 반려동물의 사체에서 체세포를 복제해 세포핵을 추출하고 다른 동종 동물의 정자핵을 제거한 후 이 세포핵을 이식해 대리모를 통해 출산하는 과정을 거친다. 그렇게 해서 원래의 반려견과 같은 유전자를 가진 강아지를 복제하는 방식이다. 복제된 반려동물은 행동과 성격까지 똑같다고 할 수는 없지만, 유전적으로는 같으므로 기존의 반려견과 똑같은 모습인 것은 분명하다.

아직 한국에선 생소하지만, 반려견 복제 산업은 전 세계적으로 점점 더 확장되어 가는 추세다. 미국의 비아젠 펫츠라는 회사는 2015년부터 반려동물 복제 사업을 시작했다. 반려동물의 DNA를 유전학적으로 보존하고 극저온 보관 시설에서 안전하게 보관하는 특허를 받아 반려동물을 복제하길 원하는 소유자들에게 서비스를 제공해왔다. 비아젠은 지금까지 복제한 애완동물의 수를 정확히 공개하지는 않았지만, 그 수가 수백 마리에 달한다고 알려져 있다. 복제든 보존이든 비용 역시 만만치 않은 편이다. 미국뿐만 아니라 한국의 반려견 복제 업체들도 사업을 확장하고 있다.

상업적 동물 복제, 윤리적 문제는 없을까?

문제는 반려견 복제 과정에서 여러 윤리적 논란을 일으킬 수 있다는 점이다. 먼저 난자 공여 견과 대리모 견 등 다른 개의 희생 및 고통을 수반한다는 지적이다. 반려견 복제를 위해선 다른 개로부터 채취한 난자에 반려견의 체세포를 이식해 수정란을 만들고 이를 대리모 견의 자궁에 착상해야 한다. 사람의 시험관 시술처럼 착상이 성공할 때까지 여러 차례 반복하기 때문에 난자 공여 견과 대리모 견은 고통받을 수밖에 없다.

복제견 탄생 후 생기는 문제도 있다. 앞에서도 밝혔듯이 복제한 동물의 수명은 짧다. 모든 생물은 일정한 수명이 있는데 제 수명을 다하고 사망한 경우는 복제하더라도 오래 살지 못한다. 대부분의 반려견 복제 업체들은 복제로 태어난 개에게 건강상 문제가 있으면 회수하고 재복제를 진행한다는 방침을 가지고 있다. 이때 업체가 회수한 개를 어떻게 처리하는지는 알 수 없다.

오랜 시간 생명과학을 연구해온 과학자들은 이러한 체세포 복제견에 대해 신중하게 접근해야 한다고 주장한다. 세계 최초의 복제 동물 돌리 이후 핵심 논점은 과학자들이 이 기술을 인간에게 확장할 것인지와, 이에 따르는 도덕적·윤리적 문제였다. 인간 복제는 연구 목적이라도 엄격히 법으로 금지되어 있다. 반려견 복제 문제로 이러한 윤리적 문제가 다시 한번 수면 위로 떠올랐다. 상업적 동물 복제는 현재 법의 테두리 바깥에 있다. 아직 상업적 복제에 관한 법률은 만들어지지 않았다. 합법도, 불법도 아닌 법적 공백 속에서 사실상 상업적 복제가 묵인되고 있는 현실이다. 이제는 상업적 동물 복제를 어디까지 허용하고 어디부터 규제할지 법체계를 만들기 위한 논의를 시작해야 할 시점이다.

3
줄기세포의 놀라운 잠재력

줄기세포는 상대적으로 발생이 덜 되어 아직 분화되지 않은 세포를 의미한다. 다양한 세포 형태로 분화하고 스스로 재생할 수 있는 능력을 갖춰 최근 암 연구와 치료를 위한 강력한 도구로 부상하고 있다. 줄기세포의 재생 및 회복 능력과 세포 조직에 침투할 수 있는 능력까지 더해져 새로운 치료 방법을 개발하는 데 핵심적인 동력으로 작용하고 있다.

무엇이든 될 수 있는 만능 줄기세포

줄기세포는 자기 복제와 분화 능력을 갖고 있다. 자신과 같은 세포를 만들 수 있는 능력과 지속적으로 분열할 수 있는 능력 둘 다를 가진 것이다. 많은 과학자들이 줄기세포의 이러한 능력을 이용해 인간의 질병을 세포 차원에서 근원적으로 치료할 수 있다고 믿어왔다. 줄기세포라는 용어를 처음 사용한 것은 1908년에 러시아 생물학자 알렉산더 막시모프Alexander Maksimov다. 그러나 줄기세포의 존재가 처음으로 확립된 것은 1961년으로 캐나다 토론토대학교의 맥컬럭Ernest McCulloch과 틸James Till이다. 이들은 쥐의 골수에서 자가 증식하는 세포를 발견했고 마침내 1978년에 인간 제대혈에서 혈액 줄기세포가 발견되었다.

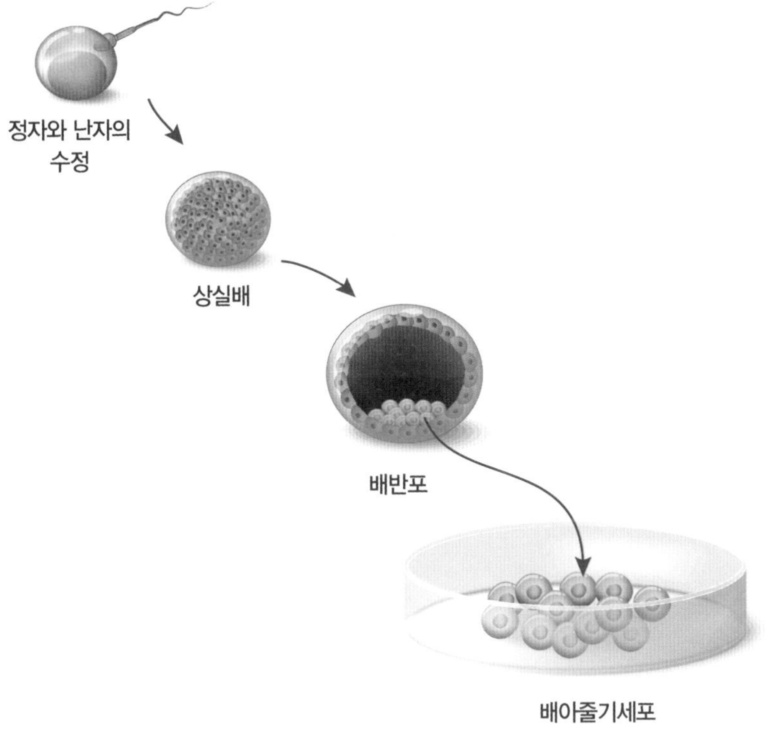

난자와 정자의 수정을 거쳐 배아줄기세포가 형성되는 과정

줄기세포는 동물 배아를 이용한 배아줄기세포와 혈구세포를 끊임없이 만드는 성체줄기세포, 그리고 체세포에 유전자를 삽입한 유도만능줄기세포가 있다. 배아줄기세포는 암컷의 생식세포인 난자와 수컷의 생식세포인 정자의 수정으로 생성된 수정란에서 생겨난다.

사람은 엄마 뱃속에서 성장해 태어날 때쯤 약 20조 개의 세포가 만들어진다. 이때 초기 수정란 세포가 분열하면서 여러 장기로 분화되기 전 단계의 세포가 배아줄기세포다. 배아줄기세포는 세포 하나하나가 한 개체로 '분화 가능한 전능성Totipotency'이 있다는 뜻으로 심장, 췌장, 간, 피부, 신경 등 다양한 장기로 분화된다. 임신 초기에 수정란이 두 개로 갈라지면서, 일란성 쌍둥이가 생기는 것과 같은 원리이다.

난치병 치료에 활용하는 줄기세포

2020년 일본 국립 세이이쿠 의료연구센터는 선천성 요소회로이상증을 앓고 있는 신생아에게 줄기세포를 분화해 만든 간세포를 이식했다. 요소회로이상증은 요소 관련 효소가 부족해 고암모니아혈증과 중추신경계 독성이 나타나는 선천성 질환이다. 간이식이 필요하지만, 이 환자의 경우 신생아라 간이식이 불가능해 적절한 체중인 6kg이 될 때까지 생존할 수 있도록 배아줄기세포를 이용해 분화한 간세포를 이식하는 임시 조치를 했다. 생후 6일째에 1억 9천만 개의 분화 세포를 이식했고 상태가 안정돼 몸무게가 6kg 이상으로 늘어난 후에 아버지의 간 일부를 신생아에게 이식할 수 있었다.

영국 유니버시티칼리지런던UCL 연구진은 배아줄기세포에서 자라난 망막 세포를 80대와 60대 노인성 황반변성 환자의 눈에 이식해 부작용 없이 시력을 회복시켰다. 환자들은 바로 앞에 있는 사람도 몰라볼 만큼 시력이 나빴지만 1년 만에 신문을 읽을 수 있을 정도가 되었다.

그뿐만 아니라 배아줄기세포를 이용한 복제 기술은 우량가축을 복제해 축산 농가에 대량으로 분양하는 수단으로 오래전부터 활용되고 있다. 특히 대형 가축인 소, 특수 훈련이 요구되는 탐지견, 어미와 똑 닮은 새끼를 원하는 반려동물의 경우 이 기술이 동원되고 있다.

성체줄기세포는 신체 각 조직에서 극히 소량만 존재하며 특정한 조직을 구성하는 특징이 있다. 골수세포는 혈구세포, 피부는 피부 줄기세포로만 분화되도록 정해진 세포다. 대표적인 예로 다능성 조혈모세포가 있다. 우리 몸을 건강한 상태로 유지하는 데 필요한 최소한의 세포를 제공해주는 세포이다.

조혈모세포는 분화가 안정적이라 암세포가 될 가능성이 없고, 이미 임상실험을 거쳐 실용화 단계까지 진행되었다. 게다가 배아줄기세포와는 다르게 수정란의 파괴가 없어서 윤리적으로도 문제가 되지 않는 장점도 있다. 그러나 얻을 수 있는 성체줄기세포 수가 적고, 배양이 어려우며, 특정 세포로만 분화가 가능한 한계 그리고 면역 거부 반응 때문에 기증과 공여가 안 되는 단점도 있다.

줄기세포는 의학, 약학 분야에서 다양한 질병 치료에 점점 더 많이 사용되고 있다. 실제로 줄기세포의 활용으로 재생 의학과 개인 맞춤 의학의 새로운 시대를 열었고, 최근 재생 의학은 줄기세포 약물의 사용과 함께 질병 치료의 새로운 혁신을 이루었다. 줄기세포 의약품은 특정 질병의 치료제로 사용되는

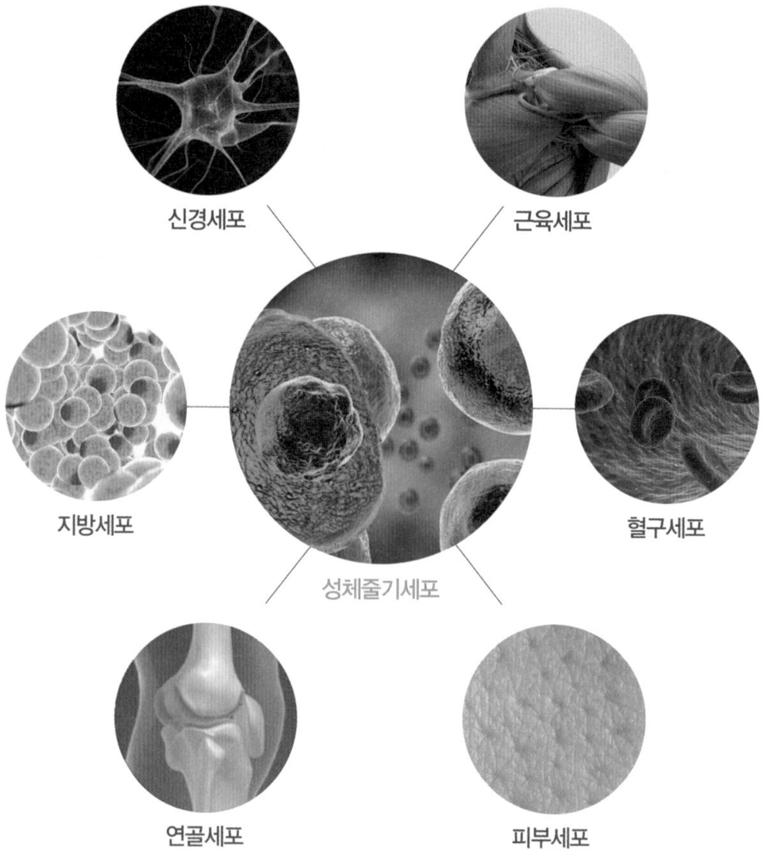

성체줄기세포의 종류

살아 있는 줄기세포 기반 제품을 말한다. 자가 줄기세포 이식과 달리 줄기세포 약물은 외과적 시술 없이 사용할 수 있는 제품이다.

썩은 발가락도 되살리는 줄기세포의 힘

재생 의학은 수술을 피하고 싶거나 코르티손 주사와 같은 전통적인 치료법으로 더 이상 처치를 못 하는 환자들에게 특히 유용하게 적용된다. 재생 치료는 건강한 신체조직의 일부 세포를 떼어 배양해서 손상된 환부에 주입하는 치유법이다. 줄기세포 치료를 통해 염증을 줄이고, 신체가 잘 치유될 수 있게 해준다.

줄기세포는 여러 종류가 있는데 대표적으로 성체줄기세포와 '중간엽 줄기세포MSC'가 있다. 중간엽 줄기세포는 근육, 뼈, 관절 및 연조직 손상을 치료할 수 있는 가장 유력한 줄기세포이고 정형외과 치료에서 가장 효과적으로 사용하고 있다. 주로 골수에 존재하는 이 세포는 자가 복제 능력이 있고 연골, 뼈, 근육 및 지방 세포로 분화해 손상된 부위에서 신체조직을 재생하도록 돕는다. 성체줄기세포는 관절염, 스포츠 손상, 힘줄 염증, 신경 손상 등을 비롯한 여러 만성 정형외과 질환을 치료할 수 있는 잠재력이 있어 기술 발전에 기대를 모으고 있다.

최근 미국 스탠퍼드대 연구진은 인간 줄기세포를 배양해서 만든 피질 오가노이드(Organoid, 줄기세포를 3차원적으로 배양해 재조합해서 만든 인공 장기)를 갓 태어난 쥐의 대뇌피질에 삽입해 인간-쥐 하이브리드 뇌를 만들었다. 오가노이드는 줄기세포를 배양하거나 재조합해 만든 유사 장기의 일종으로 '미니 장기'라고도 한다. 오가노이드를 이식한 쥐가 빛을 비추면 수도꼭지를 핥아 물을 먹을 수 있는 능력을 갖춘 것이 확인되었다. 이는 인간-쥐 뇌 하이브리드 오가노이드가 쥐의 뇌와 잘 통합됐음을 보여주는 결과다. 이 기술은 뇌의 작용이나 신약이 뇌에 미치는 영향 등을 파악할 수 있어 관련 연구에 응용하면 뇌 연구에 새로운 돌파구가 될 것으로 기대된다.

세포의 시간을 거꾸로 돌리다

2007년 일본의 과학자 야마나카 팀이 최초로 쥐를 대상으로 한 역분화 줄기세포 실험에 성공했다. '역분화'란 이미 성숙한 조직세포를 이전의 상태로 되돌리는 것으로 쉽게 말해 초기화라고 해석할 수 있다. 이론적으로는 유도만능줄기세포(ips세포)를 활용하면 뇌, 심장, 간, 위, 장 등 모든 종류의 오가노이드를 만들 수 있다. 최근에는 혈관, 모근과 같이 미세한 구조를 갖는 오가노이드까지 개발이 가능해졌다. 화상이나 사고로 팔다리를 절단한 환자나 척수 마비 환자들에게도 희망을 안겨주는 기술이다. 환자의 체세포를 이용하기 때문에 배아줄기세포가 지닌 윤리적 문제와 면역 거부 반응을 피할 수 있다는 장점도 있다. 이 기술로 야마나카 신야 일본 교토대 교수는 2012년 노벨생리의학상을 받았다.

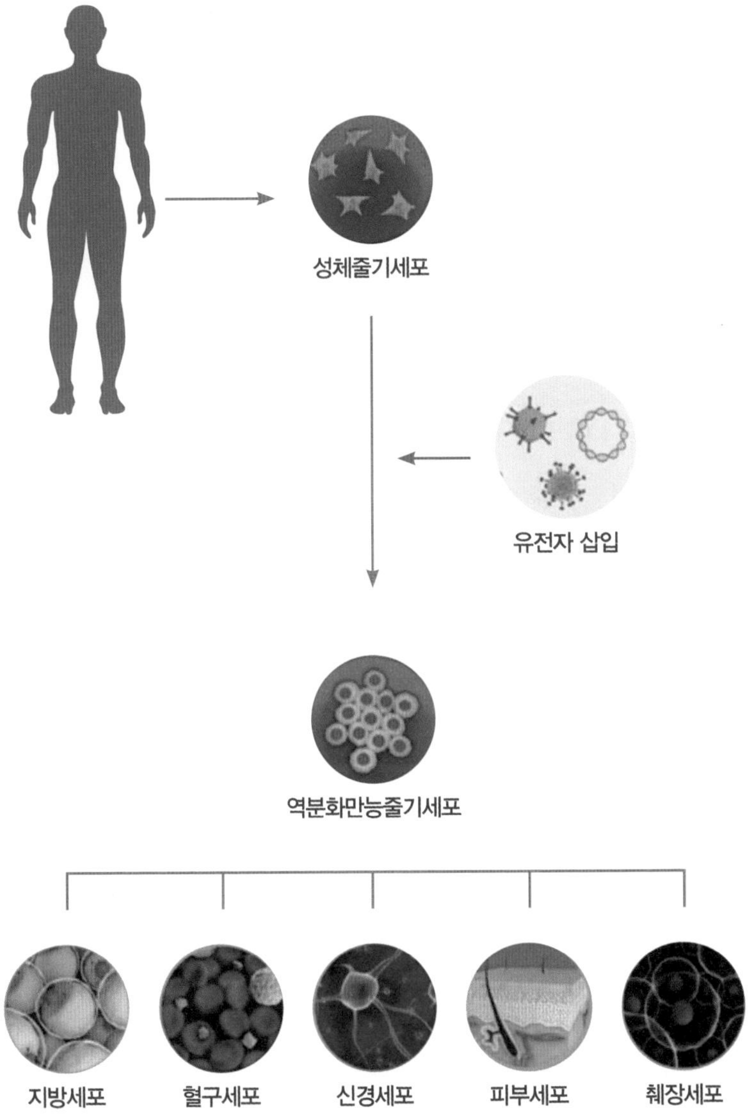

역분화유도만능줄기세포와 그로부터 만들어진 각종 세포

유도만능줄기세포는 이미 성장한 성체 세포인 제대혈 또는 골수, 지방 조직, 태반, 혈액 등의 전구체에서 얻을 수 있다. 이로써 맞춤형 정밀 의학의 새로운 장이 열리고 표적 약물 개발을 위한 필수 플랫폼을 구축할 수 있게 되었다. 유도만능줄기세포를 적용한 기술로 파킨슨병, 알츠하이머병 및 척수 손상 등의 질병까지 치료할 수 있을 것으로 기대된다. 팔다리와 척추가 잘려 나가도 스스로 재생하는 도마뱀의 재생능력을 인간도 얻을 수 있다는 것은 21세기 생명공학의 엄청난 업적이다.

파킨슨병도 유도만능줄기세포로 치료한다

파킨슨병은 치매·뇌졸중과 함께 3대 만성 퇴행성 뇌 신경계 질환으로 꼽힌다. 파킨슨병 환자는 국내에만 11만 명, 세계적으로는 600만~1천만 명에 이른다. 파킨슨병은 뇌에서 신경 전달물질인 도파민을 분비하는 신경세포가 사멸하면서 발생하는 것으로 근육의 떨림, 느린 움직임, 신체 경직, 보행 · 언어 장애 등의 증상이 특징이다. 지난 수십 년간 파킨슨병 치료를 위한 다양한 연구가 이뤄졌지만, 도파민 약제와 뇌심부자극술 등의 수술은 파킨슨병의 증상만을 개선할 뿐 근본적인 치료는 불가능했다.

2020년 미국 맥클레인병원 분자 신경생물학 연구소장인 하버드 의대 김광수 교수는 〈뉴잉글랜드 저널 오브 메디신New England Journal of Medicine〉에 유도만능줄기세포를 파킨슨병 치료에 이용하는 연구 내용을 발표했다. 이 발표 이전인 2017년 9월 김 교수는 미국 뉴욕 코넬대 의대에서 69세 파킨슨병 환자의 뇌에 유도만능줄기세포를 이식해 줄기세포로 파킨슨병을 치료할 수 있다는 가능성을 확인했다. 도파민 결핍으로 온몸이 굳어가던 환자의 뇌 속에 다시 도파민이 생성됐고, 환자는 점차 일상을 되찾았다. 고무적인 연구 결과였지만 환자 1명을 실험한 결과이고 대조 연구가 아니었기 때문에 더 많은 임상 연구가 필요했다. 최근 미국식품의약국이 유도만능줄기세포를 파킨슨병 환자 10명에게 이식하겠다는 김 교수 연구진의 임상시험을 허가했다. 이 임상시험을 통해 파킨슨병만이 아니라 알츠하이머 같은 뇌 질환과 다양한 장기 손상에도 적용할 수 있을 것으로 연구진은 기대하고 있다.

제5장

난치병은
정복할 수 있을까?

1
질병 예방과 치료에 유전자는 어떻게 활용되는가?

유전자 검사는 개인의 유전체를 분석해 유전적인 특성과 위험 요인을 파악하는 과정이다. 이를 통해 개인의 유전적인 취약성을 예측하고 예방 조치를 취할 수 있다.

최근 의료기관에 방문하지 않고 온라인이나 약국 등에서 유전자 검사 키트를 구입해 민간 업체에 검사를 맡기는 경우가 늘어나고 있다. 자칫 개인의 고유 특성인 유전 정보가 유출될 수 있어 신중하게 결정해야 한다. 국내 시장에 해외 유전자 업체의 등장으로 개인의 유전 정보가 통제 없이 해외로 유출된다는 우려도 제기된다. 따라서 유전자 검사를 결정할 때는 개인 정보 보호에 대한 문제도 고려한 후에 전문가의 도움을 받아야 안전하다.

유명 여배우가 유방을 절제한 이유

세계 최정상급 배우 앤젤리나 졸리가 2014년에 유방 절제 수술을 받았다. 유방암도 아니었지만 예방 차원에서 양쪽 유방을 절제해 많은 사람들을 놀라게 했다. 앤젤리나 졸리의 이런 선택에는 어머니와 이모가 난소암과 유방암으로 사망한 것이 큰 영향을 미친 것으로 보인다. 암 가족력이 있기 때문에 자녀들에 암으로 엄마를 잃는 슬픔을 경험하지 않게 해주고 싶은 마음이 작용했을 것이다. 그녀는 유전자 검사에서 유방암 유전자를 확인하고, 유방암에 걸릴 확률이 87%라는 진단이 나오자 수술을 결심했다고 밝혔다. 앤젤리나 졸리의 유방암 수술로 많은 사람들이 유전자 검사에 관심을 가지게 되었다.

2024년 2월 캐나다 여자대학병원Women's College Hospital 가족성 유방암 연구실의 켈리 메트칼프 교수 연구팀은 BRCA 변이 유전자를 가진 여성 1,654명을 대상으로 연구를 진행했는데 이들 중 절반인 827명은 예방적 유방 절제를 선택했고 또 다른 827명은 유방 절제를 하지 않았다. 이 여성들을 평균 6.3년 동안 추적 관찰한 결과 예방적 유방 절제 그룹 중 20명만이 유방암 진단을 받았고 유방 절제를 하지 않은 그룹에서는 100명이 유방암 진단을 받았다.

이는 예방적 유방 절제로 유방암 발생을 80%가량 예방하고, 유방암에 의한 사망이 1% 미만으로 줄어들었음을 보여주는 결과다. 현재 캐나다의 경우 BRCA 변이 유전자를 가진 여성의 30%가 예방적 유방 절제를 택하고 있다.

그렇다면 한국 여성은 어떨까? 2013년 한국유방암학회의 주관으로 한국인 유전성 유방암 연구가 진행되었다. 연구 결과에 따르면 가족력이 있는 유방암 환자의 BRCA 유전자 변이 발생은 전체 환자의 25%가량이며, 35세 미만 유방암 환자의 10%가량 변이가 발생한 것으로 밝혀졌다. 유방암 환자의 4명 중 1명꼴로 BRCA 돌연변이 유전자를 생겼다는 뜻이다. 일반 여성의 유방암 발병 가능성은 약 5%인데 반해 BRCA 유방암 변이 유전자를 지닌 여성은 유방암 발생 가능성이 40~80%까지 높아진다. BRCA 유전자 변이가 있는 여성의 유방암 발병 확률은 서양인과 동양인의 큰 차이가 없다. 하지만 국내의 예방적 수술 환자는 아직까지 미비한 편이다. 하지만 우리나라에서도 유전성 유방암에 관한 관심이 점차 높아지고 있고, 2005년 BRCA 유전자 검사의 보험 적용을 시작으로 유전자 검사를 받는 이들이 꾸준히 늘어나고 있다.

혁신적인 유전자 치료의 시작

유전자 치료는 유전병 환자들의 비정상적인 유전자를 제거하고 정상 유전자를 삽입해 질병을 치료하는 기술이다. 유전자 치료는 환자들의 체내에 정상 단백질을 생산시켜 생체 기능을 정상으로 만드는 역할을 한다. 현재 유전자 치료법의 주 대상은 유전성 고지혈증과 낭포성 섬유증, 고셰병, 혈우병 등 단일 유전자의 이상으로 야기되는 20여 종의 유전성 질환들이며, 모든 종류의 암, 에이즈(후천성면역결핍증) 등도 포함된다. 에이즈의 경우 HIV 바이러스의 기능을 차단하는 유전자를 감염 세포에 주입해 바이러스의 증식을 억제하는 시도가 진행되고 있다.

대표적인 유전자 치료의 성공 사례로는 중증복합면역결핍증과 부신백질이영양증 치료를 들 수 있다. 중증복합면역결핍증은 해당 질병이 있는 사람은 태어날 때부터 아데노신 탈아미노ADA 효소에 유전자 결손이 일어나 몸의 세포에서 ADA 효소를 생산하지 못한다. ADA 효소는 독성물질을 분해하는 효과가 있는데, 이 효소가 결핍되면 독성물질이 축적되고 체내 면역 기능이 심하게 저하된다. 심한 경우 사망에 이르거나, 경증 환자라고 해도 평생을 무균실에서 살아야 한다. 그런데 유전자 치료로 면역 기능을 회복한 사례가 있다.

2017년 4월 코라 오클리는 생후 7일 만에 중증복합면역결핍증 진단을 받았다. 그해 9월 코라는 캘리포니아대학교UCLA와 런던의 그레이트 오몬드 스트레이트병원GOSH 연구팀이 개발한 실험적 조혈모세포 이식 임상시험에 참여했다. 코라의 골수를 조금 제거해 유전적으로 조작된 세포를 대체재로 삽입했다. 이 유전자 치료법은 코라를 포함한 50명의 아이들에게 시행됐으며, 이 중 48명의 아이들이 치료받은 2~3년 후에도 평균 수준의 면역력을 유지하게 되었다. 아이들 모두 유전자 치료로 인한 부작용도 없었다.

1993년에 개봉한 영화 〈로렌조 오일Lorenzo's Oil〉은 불치병에 걸린 6살 아들을 살리기 위해 직접 특효약을 개발한 부부의 실화를 바탕으로 만들어졌다. 소년이 앓는 희귀병은 '부신백질이영양증Adrenoleukodystrophy'으로 소년의 어머니인 미카엘라 오도네가 지방산 파괴를 억제하는 치료 물질인 로렌조 오일을 발견해 '로렌조 오일병'이라고 불리기도 한다. 이 희귀병은 성염색체인 X염색체 유전자 이상으로 몸 안의 지방산이 분해되지 않고 뇌에 들어가 신경세포를 파괴해 생명까지 위협한다. 현재 미국에서만 약 2만 1천 명의 아이들이 이 질환을 지닌 채 태어난 것으로 집계되고 전 세계에 수많은 아이들이 이 병으로 사망하는 것으로 추산된다. 부신백질이영양증에 대한 유전자 치료 연구도 활발히 진행되고 있다. 2007년 프랑스 성빈센트병원 연구팀이 이 병에 대한 유전자 요법을 발견한 이후 전 세계적으로 연구가 진행되었다.

국내에서는 2021년에 세브란스병원 재활의학과와 한양대학교 화학과 연구팀이 부신백질이영양증 환자에서 유래한 세포와 동물 실험을 통해 변이 유전자를 교정하는 데 성공했다. 연구팀은 유전자 변이를 교정하면 치료의 가능성이 있다고 보고, 부신백질이영양증 환자에게서 채취한 세포에 정상 유전자를 삽입하고 아데닌 염기 하나를 교체하는 유전자 교정을 시행했다. 이 연구는 정상적인 유전자를 목표 부위에 정교하게 삽입하는 방식의 유전자 교정 치료를 부신백질이영양증 유래 세포와 동물 모델에 적용해 성공한 첫 사례다. 이를 통해 유전자 변이에 따른 다양한 난치성 질환을 치료할 수 있는 유전자 교정의 가능성을 확인할 수 있었다.

유전병 예방을 위한 유전자 검사의 장점

유전자 검사는 질병에 대한 조기 진단을 내리고, 돌연변이, 염색체 이상 등을 알아보기 위해 사용된다. 가장 많이 알려진 유전자 검사는 신생아 선별검사다. 대표적인 대상 질환으로는 페닐케톤뇨증이라는 신생아 대사 이상 장애와 선천성 갑상샘 기능 저하 등이 있다. 다운증후군의 산전 진단을 위해 유전자 검사를 시행할 수도 있다.

다양한 임상 연구 중 암으로 진행될 가능성이 있는 세포의 DNA 변화를 확인하기 위해 유전자 검사를 실시하기도 한다. '가족성 선종성 용종증FAP, Family Adenomatous Polyposis' 유전자를 이용해 결장암을 조기 발견하고, 종양 억제 유전자를 이용해 여러 종류의 백혈병 예후를 추정하는 데도 활용한다. 현재 테이삭스병과 낭성섬유증은 유전자 검사를 통해 진단을 내리고 있다. 그 외 치명적인 유전병인 루게릭병, 중년에 발병해 치매와 죽음에 이르게 하는 헌팅턴병, 몇 가지 유형의 알츠하이머병, 중증의 콜레스테롤혈증, 기타 종양질환 등 많은 질환에서 조기 진단을 위한 연구가 활발하게 이루어지고 있다.

개인 맞춤 유전자 치료

유전병에 걸릴 위험이 있는 사람들은 자신뿐만 아니라 자녀의 미래에 대한 걱정으로 불안 속에 살아간다. 유전자 검사를 통해 유전질환에 대해 정확히 이해하고 질병에 대처한다면 이런 불안에서 해방될 수 있다. 질병 유전자를 가진 경우에도 발병 전에 해당 정보가 제공되기 때문에 위험 요인을 감소시킬 기회를 얻는다.

미래에는 유전자 검사를 통해 사람마다 개인에게 맞는 약물을 투여하고, 개인별 식이조절을 통해 진정한 의미의 맞춤화된 의료가 가능해질 것이다. 조직이나 체액을 이용한 유전자 검사는 유전자와 유전자의 단백질 생성물을 검사함으로써 전통적인 질병 진단 방법보다 훨씬 조기에 질환을 진단할 수 있다. 유전자 분석을 통해 약물 반응에 대한 개인의 차이를 확인한 후 환자에게 적합한 약물을 적용해 최선의 결과를 얻고자 하는 것이 약물 유전체 영역이다. 약물이 체내에서 흡수·분배·대사·배출되는 속도와 반응 역시 사람마다 다른데, 이런 개인차가 대부분 유전적인 요인에 의해 발생하기 때문이다.

만약 어떤 유전자에서 종양을 억제하는 단백질이 생성된다고 할 때, 이 단백질을 합성해 치료 약으로 이용할 수 있다. 아직 우리나라에서는 활발하지 않지만, 미국 등 여러 국가에서는 많이 이용하는 의료 서비스 중 하나다. 이처럼 약물 유전체는 약물 치료와 처방을 계획하고 실행하는 데 매우 중요한 역할을 할 것으로 기대되며 환자 개개인에게 적합한 맞춤형 의료 서비스로 발전할 것이다.

인간의 뇌는 크기가 몸 전체의 2%에 불과하지만, 심장에서 공급하는 피의 20%가 뇌로 흐를 정도로 인체에서 중요한 역할을 한다. 따라서 선천성 결함이나 후천적 손상으로 의한 뇌 질환은 삶에 치명적인 영향을 미친다. 최근 영상 과학의 발달로 뇌의 구조가 속속 밝혀지면서 뇌 질환의 원인을 규명화는 연구도 활발하게 진행되고 있다.

뇌 기능은 크게 단순한 기능과 복잡한 기능 두 가지로 나뉜다. 첫째, 단순한 기능에는 감각과 운동, 수면, 기억 등이 있다. 단순한 뇌 기능에 이상이 있으면 감각 이상 및 파킨슨병 같은 운동 장애, 알츠하이머, 수면 장애와 같은 질환이 생긴다. 둘째, 복잡한 기능에는 주의 집중, 의사 결정, 자아 인식, 창의성 등과 관련한 것을 예로 들 수 있다. 이 기능이 잘못되면 주의력 결핍, 정서 장애, 과잉 행동 장애, 조현병, 자폐 등의 정신질환 등이 유발된다.

정신질환과 유전자의 관련성

유전자 이상과 정신질환의 상관관계를 이해하기 위해 시냅스Synapse 연구가 활발하게 이뤄지고 있다. 시냅스는 뉴런이 모여있는 뇌와 척수에서 뉴런 간 신호를 전달하는 연결 지점으로, 크게 흥분 시냅스와 억제 시냅스로 구분된다. 흥분 시냅스는 1천여 개, 억제 시냅스 300여 개로 모두 1,300여 개의 시냅스가 뇌 속에 작용하고 있다. 이때 두 종류의 시냅스가 균형을 이루는 것이 중요하다. 만약 균형이 어긋나 한쪽으로 치우치게 되면 정신질환이 발생한다. 흥분 시냅스가 지나치면 뇌전증이 일어날 수 있고, 억제 시냅스가 과도하게 발달하면 수면 장애 혹은 우울증이 올 수 있다.

여기서 시냅스 단백질이 중요한 기능을 하게 된다. 시냅스 단백질은 시냅스의 기능에 관여해 뇌신경 회로 및 뇌 기능에 영향을 미친다. 반대로 생각하면 시냅스 단백질이 뇌 기능 문제의 원인으로 작용할 수 있는 것이다. 정신질환과 유전적 원인의 상관관계를 자세히 밝히기는 어렵지만, 뇌 기능 이상을 초래하는 시냅스와 뇌신경 회로의 문제를 이해할 수 있다면 뇌 질환 치료에 희망이 될 것으로 예상한다.

2022년 미국국립보건연구원NIH은 '주의력결핍 과다행동장애ADHD' 관련 유전자를 뇌 조직에서 찾아냈다. ADHD는 보통 청소년기에 발병해 나이가 들면서 점차 사라지는데 요즘은 성인 중에서도 이 질환을 앓는 사람들이 늘고 있다. 국민건강보험에 따르면 국내 성인 ADHD 환자는 2009년 2,121명에서 2018년 11,699명까지 증가한 것으로 나타났다.

ADHD 환자는 정상인과 비교했을 때 뇌의 미상핵과 전두엽 피질에서 유전자 발현에 차이를 보인다. 신경 전달 물질 중 글루타메이트를 만드는 유전자가 건강한 사람보다 과다하게 발현된다. 글루타메이트가 ADHD에 영향을 주는 물질이라는 사실이 뇌 조직에서 확인된 것은 2022년 NIH의 연구가 처음이다. 기존 이론과 해당 연구를 통한 뇌의 데이터가 일치하기 때문에 후속 연구를 통해 발병 원인을 규명할 일만 남았다. 각국의 뇌 은행들이 자료 공유에 협력하고 있어 ADHD 정신질환의 해결책을 찾는 데 도움이 될 것으로 기대된다.

암세포만 찾아 싸우는 유전자 치료제

'키메라 항원 수용체 T세포(CAR-T세포)' 치료를 받은 혈액암 환자가 10년 만에 완치 판정을 받았다. 키메라 항원 수용체 T세포는 특정 암세포만 공격하도록 유전자를 조작한 면역세포이다. 암 면역을 만드는 CAR-T세포가 몸속에 계속 남아 치료 효과가 10년 동안 유지된 것이다. 미국 펜실베이니아대 면역학연구소 칼 준 교수 연구팀은 CAR-T세포 치료를 받은 만성 림프구성 백혈병 환자 2명을 추적 관찰한 결과 암세포가 사라진 상태가 지속되는 것을 확인했다.

CAR-T세포는 유전자 조작을 통해 원하는 세포만 골라 없애도록 만든 면역세포다. 바이러스나 암세포에 대항하는 백혈구인 T세포를 조작해서 만들어진다. 환자의 면역세포를 뽑아낸 다음 암세포의 특정 단백질에만 달라붙는 '키메라 항원 수용체CAR'가 T세포 표면에 생기도록 유전자를 조작한다. 단일 CAR-T세포를 복제해 수억 개로 늘린 후 다시 몸속에 집어넣으면 암세포만 공격해 파괴하는 면역세포가 된다.

CAR-T세포 제작 과정에서 크리스퍼 유전자 편집 기술이 활용된다. 종양에 따라 다른 돌연변이 단백질을 인식할 수 있도록 T세포를 고도화해 암세포를 더 잘 찾아낼 수 있게 한다. 이렇게 만들어진 T세포를 체내에 주입하면 암세포만 정교하게 공격한다. 이런 기술력 덕분에 T세포가 종양 근처로 집중되는 게 관찰되었고 이제 임상실험 단계에 진입했다. CAR-T세포 요법 발견 이후 급성 림프구성 백혈병, 대형 B세포 림프종, 그밖에 다른 유형의 암을 앓는 20명의 어린이와 30명의 성인을 포함해 50명이 넘는 환자를 치료할 수 있었다.

이런 방식의 유전자 치료는 결핍이나 결함이 있는 유전자를 분자 수준에서 교정해 질병을 치료하는 것이다. 대표적인 것이 임상실험 중인 루게릭병 치료제와 퇴행성관절염 치료제 등이다. 신개념 유전자 치료제 연구가 꾸준히 이뤄진다면 분자 의학 시대의 핵심 치료법이 될 것으로 예상되며 국내 임상시험 진행 중인 유전자 치료제는 다음 표와 같다.

치료제명	타깃 질환	제조사명
VMDA-3601	허혈성 족부궤양	바이로메드/동아제약
VM202	중증 하자허혈질환 당뇨병성 신경병증	바이로메드/이연제약
티슈진-C	퇴행성 관절염	코오롱생명과학
VM106	만성 육아종	바이로메드
HB-110	만성 B형간염	제넥신
쎄라젠	전립선암	뉴젠팜
JX-594	간암	녹십자/제너렉스/신라젠
VM206	유방암	바이로메드/이연제약
VGX-3100	자궁경부암	이노비오
GX-188E	자궁경부암	제넥신

국내에서 임상 2상 이상 시험 진행 중인 유전자 치료제

2
급증하는 치매, 유전공학으로 치료하다

예전에는 오래 사는 것이 중요했지만, 요즘은 건강하게 잘 늙는 것이 중요한 시대가 되었다. 하지만 이런 바람과 달리 고령화 사회이자 유병장수 시대에 치매 환자가 급증해 노령 인구의 삶의 질이 현격히 떨어지고 있다. 현대 과학의 발전과 더불어 눈부시게 발전해온 유전공학이 고령화 사회의 공포로 자리 잡은 치매의 해결책이자 희망이 될 수 있을까?

천둥의 신 '토르'도 두려워하는 치매

마블 영화의 캐릭터 '토르'로 유명한 배우 크리스 헴스워스가 활동을 중단했다. 유전적으로 치매에 걸릴 가능성이 높아 치료에 전념하기 위해서였다. 그의 활동 중단 선언은 대중들에게 큰 충격이었다. 그만큼 가족력이 있는 경우 치매 발병 위험성에서 벗어나기 힘들다는 사실을 다시 한번 확인한 순간이었다.

치매는 본인과 가족들 모두에게 큰 고통과 부담을 안겨주는 매우 불행한 질병으로 최근 치매 환자가 급속히 증가하고 있다. 대한노인정신의학회와 중앙치매센터에 따르면 2016년 약 66만 명이던 65세 이상 치매 환자 수가 2021년 약 88만 명으로 증가했으며, 2025년에 이르면 107만 명, 2050년에는 302만 명이 될 것으로 예측된다. 이러한 추세가 지속되면 전체 노인의 15.9%가 치매 환자가 되는 셈이다.

한국과학기술정보연구원이 발표한 알츠하이머 치료제 연구 보고에 따르면 알츠하이머 치료제 글로벌 시장 규모는 2021년 기준 17억 달러에서 2027년 338억 달러 규모로 확대될 전망이다. 치매 관련 바이오산업이 연평균 약 64%의 성장세를 보일 것으로 예측되는 만큼 미래의 핵심 산업 중 하나로 부상하고 있다.

치매 환자가 점점 늘어나는 이유는 무엇일까? 학계에서는 인구 고령화와 함께 환경적인 요인을 주된 원인으로 꼽고 있다. 이외에도 치매가 발생하는 이유는 다양하다. 전반적인 뇌 기능의 손상을 일으킬 수 있는 모든 질환이 치매의 원인이 될 수 있다. 치매는 뇌세포의 손상으로 인해 뇌의 신경세포와 혈관에 문제가 생기면서 발생한다. 하지만 치매의 유전병 여부를 판단하는 것에는 학자마다 견해의 차이가 있다.

배우 크리스 햄스워스처럼 치매 가족력이 있다고 해서 반드시 치매에 걸리는 것은 아니다. 하지만 유전적으로 특정 유전자가 있으면 질병이 발생할 가능성이 더 높아질 수 있다는 것도 사실이다. 따라서 부모나 형제자매가 이러한 유전자를 가지고 있다면 미리 예방하거나 치료제를 복용해서 치매 진행 속도를 늦추는 방법을 이용하는 이들이 늘어나고 있다.

다양한 유전적 소인으로 발생하는 치매

치매의 종류는 크게 3가지로 나뉜다. 대표적인 게 뇌 자체의 퇴행적 변화, 뇌 혈액순환과 관련된 치매, 기타 신체적·정신적 질환에 의해 발생하는 이차적 치매가 있다. 치매의 가장 흔한 형태인 알츠하이머 치매는 전체의 약 60~70% 정도를 차지하는 대표적인 퇴행성 치매 질환이다. 뇌의 해마, 측두엽, 두정엽에 퇴행적 변화를 일으켜 인지 기능이 손상되는 알츠하이머 치매는 특히 가족력이 주요 위험 요소가 된다고 알려져 있다.

치매의 약 20%를 차지하는 혈관성 치매는 뇌에 혈액 공급이 제대로 이뤄지지 않는 것이 원인이며 대체로 뇌졸중을 동반한다. 혈관성 치매는 사전에 뇌혈관 질환을 예방함으로써 관리할 수 있기 때문에 알츠하이머성 치매에 비해 예방 가능성이 높다는 특징이 있다.

그다음으로 흔한 치매는 파킨슨병을 동반한 치매인 파킨슨병 치매다. 파킨슨병은 여러 원인에 의해 뇌세포가 소멸하면서 뇌 중뇌 및 기저핵 부위의 이상으로 발병한다. 파킨슨병 환자의 40%가 파킨슨병 치매로 이어진다. 기억력 감퇴가 알츠하이머 치매의 초기 증상이라면 파킨슨병 치매는 기억장애보다는 이상행동, 감정의 변화, 언어 장애가 먼저 나타난다.

당뇨병 역시 치매의 원인이 된다. 당뇨병은 1형과 2형 두 가지로 나뉘는데 2형의 경우 인슐린기능 저하와 함께 뇌의 인지 기능도 떨어지는 게 밝혀졌다. 당뇨병에 걸리면 뇌의 노화가 26% 빨라지고 뇌의 기능은 13.1%, 정보 처리 속도는 6.7% 저하된다. 그만큼 2형 당뇨병으로 인해 뇌 인지 기능이 떨어지면 치매에 걸릴 가능성이 큰 것이다.

치매에서 가장 중요한 것은 뉴런의 사멸로 이어지는 단백질 응집 관련 유전자를 정확히 파악하는 것이다. 알츠하이머병 환자들은 뇌의 뉴런이 퇴행하다 결국 사멸해 기억과 인지 능력을 점점 상실하기 때문이다. 뉴런은 신경계를 구성하는 신경세포로 나트륨, 칼륨 통로 등 이온 통로를 통해 전기 신호를 전달해 정보를 받아들이고, 이를 저장해서 기억한다. 우리 두뇌에는 대뇌피질에만 약 100억 개의 신경세포가 존재하는 것으로 추산된다.

ApoE4 유전자를 주목하라!

흔히 노인성 치매라고 알려진 알츠하이머 치매는 가족력을 주요 위험 요소로 보고 관련 유전자 연구가 활발히 진행 중이다. 치매의 알츠하이머병을 유발하는 3가지 유전자는 아밀로이드전구체단백질APP, 프레세닐린-1PS1, 프레세닐린-2PS2이다. 염색체 지도상에 APP는 21번 염색체, 프레세닐린-1는 14번, 프레세닐린-2는 1번 염색체에 유전자가 있다는 사실이 유전체 분석으로 밝혀졌다. 치매는 이 세 가지 유전자 중 하나의 돌연변이로 인해 발생한다. 그중 프레세닐린-1 유전자가 조기 발병 알츠하이머병의 가장 흔한 원인이다.

치매 관련 또 다른 돌연변이 유전자로는 ApoE2, ApoE3, ApoE4 3가지가 있다. 그러나 위에서 설명한 아밀로이드전구체단백질, 프레세닐린-1, 프레세닐린-2의 유전자와 같이 상염색체에서 우성형질로 치매 질환을 일으키지는 않는다. 오히려 ApoE2는 알츠하이머 발병으로부터 인체를 보호하는 역할을 한다. ApoE3 역시 알츠하이머병에 위협적이지는 않다. ApoE4가 대표적인 치매 위험 유전자다. 따라서 돌연변이와 유전적 위험 인자의 차이를 인식하는 것이 중요하다.

병원성 아밀로이드전구체단백질 또는 프레세닐린 돌연변이를 보유한 사람은 중년 이후에 알츠하이머병이 발병하지 않고 생존하는 반면, 2개의 ApoE4 유전자를 대립으로 보유한 사람들은 알츠하이머병이 발병하는 것으로 알려졌다. 유전적 진단은 ApoE4처럼 병원이 되는 유전자 돌연변이를 감별하는 것이다. 두 ApoE4 대립유전자가 존재해도 치매가 반드시 발병하는 것은 아니고 단지 알츠하이머병 발병 확률이 약 12~15배까지 증가한다. 과학자들은 ApoE4가 알츠하이머병의 발병 연령을 약 10년 정도 앞당긴다고 보고 있다. 앞서 배우 크리스 헴스워스가 활동 중단 이유로 언급한 유전자 역시 ApoE4 유전자였다.

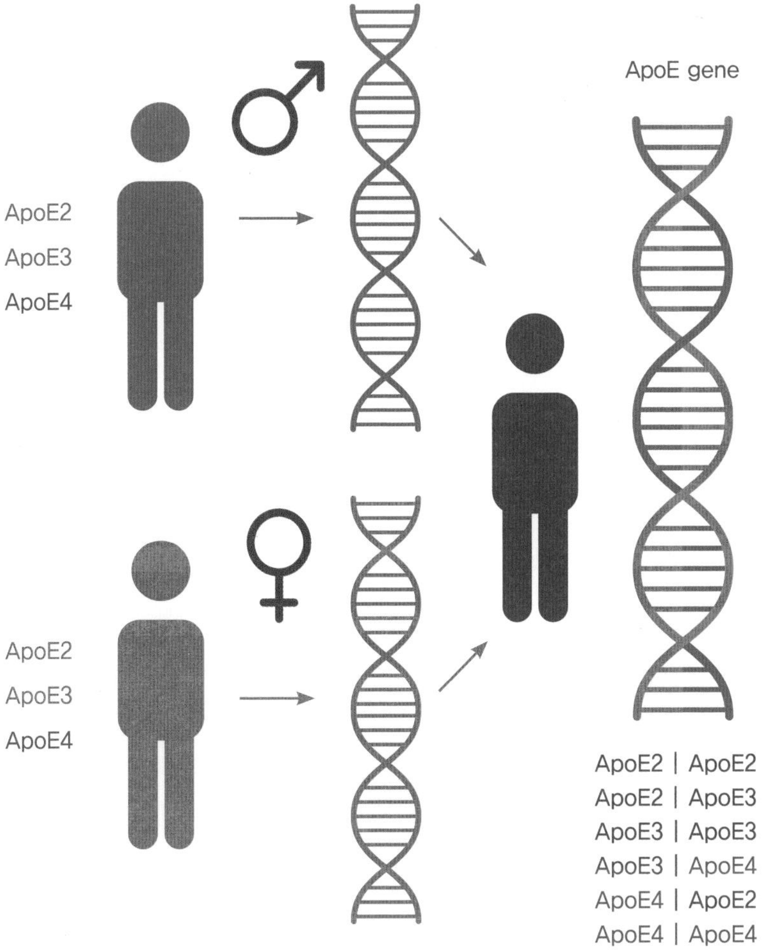

- ApoE2 : 알츠하이머로부터 보호받을 수 있음.
- ApoE3 : 중립적인 역할을 하는 것으로 보임.
- ApoE4 : 위험 유전자로 1개 사본은 위험을 3배, 2개 사본은 5~8배 증가시킴.

알츠하이머 유전자의 유전 양식

치매 유전자의 유전 패턴 추적

알츠하이머병이 가족력으로 나타날 때 임상의사가 가장 먼저 시도하는 것은 환자의 가계도를 설정해 유전 패턴을 추적하는 것이다. 만약 부모나 형제 중에 알츠하이머 질환을 앓고 있는 사람이 있다면, 발병 위험이 10~30% 정도 증가한다. 두 명 이상의 형제가 늦은 나이에 알츠하이머병에 걸렸다면 그 위험은 일반인의 세 배에 해당한다는 사실도 밝혀졌다. 알츠하이머 발병 위험을 증가시킬 수 있는 12개의 다른 유전자가 확인되었지만, 알츠하이머병을 유발하는 유전적 배경은 아직 충분히 밝혀졌다고 할 수 없다. 연구가 진행 중이지만 치매 전반에 대한 유전적 규명 역시 미흡한 상태다.

끊임없이 연구 중인 치매의 유전 경로

조기 발병 알츠하이머병의 경우, 어떤 유전적 돌연변이 때문인지 전체 유전적 배경은 아직 알 수 없다. 다만 조기 발병 알츠하이머병의 여러 원인 중 절반이 알츠하이머병 유전자 때문인 것으로 밝혀졌다. 그렇다면 종종 나타나는 가족력이 없는 조기 발병 알츠하이머병 환자의 경우는 어떨까? 이들 중 일부는 유전자 검사에서 알츠하이머병을 유발하는 세 가지 유전자 아밀로이드 전구체단백질, 프레세닐린-1, 프레세닐린-2 중 하나에 돌연변이가 있는 것으로 판명됐다. 이외의 경우에는 아직 밝혀지지 않은 또 다른 돌연변이가 있는 것으로 추측할 뿐이다. 치매 원인이 분명하게 밝혀지지 않았기 때문에 유전학자들은 알츠하이머병 환자나 그 가족에게서 새로운 알츠하이머 치매 유전자가 발견되기를 기다리고 있다.

조기 발병 알츠하이머병에 대한 뚜렷한 통계를 내리기엔 환자에 대한 데이터가 여전히 부족하다. 신경정신과 의사의 경험 부족으로 인한 오진, 환자나 가족이 알츠하이머병 진단을 회피하는 경우가 그 이유로 꼽힌다. 실제로 조기 발병 알츠하이머병은 다른 질병으로 잘못 판단할 가능성이 커 중년이 될 때까지 적절한 조기 진단이 지연되는 경우가 많다. 또 발병 시기도 제각각이라 가족력 알츠하이머병은 대부분이 40~50대 초반에 발병하는 것과 달리 간혹 30대 혹은 60대에 증상이 나타나기도 한다.

드문 경우지만 동일 가족의 다른 구성원에게 다른 형태의 질병으로 발현되기도 해 정확히 파악하기 힘들다. 예를 들어, 가족 구성원 중 한 사람은 신경쇠약이나 점진적 다리 마비 또는 경미한 치매만 보인 반면 다른 가족 구성원은 전형적인 알츠하이머병을 앓는 형태로 나타나는 경우가 있다. 이런 변이는 알츠하이머 치매 돌연변이의 발현 촉진이 약해져 발병 시기가 달라지거나 다른 증상이 더해져 2차 유전자가 발현된 결과로 보고 있다. 이 분야의 연구자들은 조기 발병 알츠하이머병을 유발하는 유전자 중 알려지지 않은 유전자가 1~3개 정도 더 있을 것이라고 본다. 이것이 발병 연령에 영향을 미치는 요인으로 작용할 것으로 예측한다.

아직 밝혀지지 않은 더 많은 유전자를 알아내면 과학자들이 조기 발병 알츠하이머병을 정의하는 데 도움이 될 것이다. 정확한 유전자를 찾아내기 위해서는 더 많은 환자 가족의 연구 참여가 필요하다. 지금까지 연구에 참여한 알츠하이머병 가족의 집단은 병이 진행 중인 소수의 집단만으로 한정돼 연구에 한계가 있었다. 알츠하이머병에 조금이라도 영향을 미치는 유전자와 희귀 유전자까지 밝혀내기 위해서는 더 많은 환자와 친척의 가족력이 필요하다.

치매와 멀어지는 법

유전적으로 치매 위험이 큰 사람일지라도 건강한 생활방식을 실천하면 치매 발병 확률을 줄일 수 있다. 미국인들을 대상으로 한 연구에 의하면 유전적으로 치매 위험이 큰 사람일지라도 생활방식을 개선하면 치매 발병 확률이 낮아진다고 한다.

존스홉킨스대학의 연구진은 평균 연령 54세인 유럽계 미국인 8,823명과 아프리카계 미국인 2,738명 총 11,561명을 대상으로 26년 동안 금연, 식단, 체중, 신체 활동, 혈당과 콜레스테롤 수치 및 혈압 등 7가지 건강 요인을 추적, 관찰을 진행했다. 가장 건강하지 못한 그룹을 0으로 하고, 가장 건강한 편에 속하는 그룹을 14로 정했다. 전체 유전체 연관성 연구를 통해 치매 발병에 대한 개인의 유전적 위험도를 평가하고 치매 위험의 정도에 따라 참가자를 그룹으로 나눴다. 그 결과 가장 위험도가 높은 그룹의 사람들은 가장 위험도가 낮은 그룹의 사람들보다 치매에 걸릴 확률이 1.5~2.7배 더 높았다. 유전적 위험이 가장 큰 그룹의 유럽계 사람들은 건강한 생활방식 점수를 높일 때마다 치매 발병 가능성을 8% 줄일 수 있음이 확인되었다. 전반적으로 생활방식 평가에서 9~14점을 받은 아프리카계 사람들은 0~6점을 받은 사람들보다 치매 위험이 17% 낮았다.

치매는 조기 진단이 중요

치매가 의심되는 사람은 먼저 정확한 진단으로 치매가 맞는지 확인하고, 어떤 종류의 치매인지 식별하는 것이 중요하다. 치매의 원인을 파악해서 적절히 치료하면 인지 기능 저하를 막거나 치매를 예방할 수 있다. 치매와 관련된 17개의 유전자를 감별할 수 있는 유전자 검사도 있다. 치매 관련 유전자는 반드시 치매를 일으키지는 않지만 아주 높은 연관성이 있는 것으로 알려진다.

최근 국내 연구진들이 치매 조기 진단에 활용할 수 있는 뇌척수액 바이오마커를 개발했다. 치매 환자 뇌에서 신경 퇴화가 진행되면 신경세포에 베타 아밀로이드가 축적되고 아밀로이드 플라크가 형성되지만, 반대로 뇌척수액에서는 베타 아밀로이드 농도가 감소한다. 더불어 치매 환자의 뇌신경 세포가 사멸하면서 뇌척수액에 타우 단백질이 쌓여 농도가 높아지는데, 이런 체내 변화를 바이오마커로 측정하게 된다. 하지만 바이오마커를 이용한 진단법은 뇌척수액을 환자의 척수에서 직접 채취하는 방법으로, 환자와 보호자에게 거부

감을 주는 단점이 있다. 따라서 혈액, 침, 눈물, 소변 등의 다른 체액을 이용한 진단법이 요구돼 관련 기술 개발이 진행 중이다.

최근에는 유전자 염기서열 분석기술이 급속히 발달하면서 치매와 관련된 유전자를 찾는 대단위 연구가 활발하게 진행되고 있다. 이 분석으로 수종의 유전자 다양성이 치매 발병과 연관성이 있음이 보고되었다. 향후 이러한 연구는 치매 발생의 원인과 원리를 이해하거나 진단 및 치료제 개발에 응용될 수 있으리라 기대된다.

이런 흐름 속에 국내 연구진의 개발 성과도 주목된다. 한국생명공학연구원과 건양대 공동연구팀은 혈액 검사로 초기 알츠하이머병을 조기 진단할 수 있는 시스템을 개발했다. 연구팀은 알츠하이머병 환자 혈액에 마이크로RNA의 일종인 miR-574가 증가하는 사실을 확인하고 검출하는 진단시스템을 개발했다. 마이크로RNA는 유전자 발현을 제어하는 RNA의 일종으로 크기가 작아서 뇌혈관 장벽을 통과해 혈액으로 유입되기 때문에 이 물질을 분석하면 뇌 질환의 진행 정도를 파악할 수 있다. 고감도로 유전자를 검출할 수 있는 바이오마커 진단시스템으로 혈액만 있으면 알츠하이머병을 조기에 진단할 수 있는 우수한 장점이 있다. 노인성 치매 초기 진단과 예후 모니터링 분야에 활용해 고령화 시대 국민건강과 복지 증진에 도움이 될 것으로 기대된다.

또 카이스트 뇌과학연구소 연구진은 뇌 속 비신경세포인 별세포에서 발견한 요소회로가 활성화되면 알츠하이머 치매 증상이 더 악화한다는 사실을 발견했다. 요소회로는 주로 간에서 유해한 암모니아를 해독해 소변의 주성분인 요소를 생성한다. 이번 연구를 통해 뇌 속 별세포에 존재하는 요소회로가 치매를 유발한다는 사실을 확인한 것이다. 이때 별세포의 요소회로를 활성화하는 여러 효소 중 하나인 ODC1을 억제하면 암모니아의 해독 과정은 유지하면서도 치매를 일으키는 물질 생성이 줄어든다는 것도 발견했다. 치매에 걸린 생쥐를 대상으로 벌인 실험에서 이 효소를 억제했더니 기억력이 회복되는 것을 확인했다. 새로운 치매 치료의 개발 가능성이 열린 셈이다. ODC1을 억제하는 물질만 개발되면 아밀로이드 베타도 줄일 수 있어 요소회로 효소를 억제하는 새로운 치료제 개발도 기대된다.

3
맞춤 치료를 위한 유전자 활용

유전자 검사는 질병 예방과 치료에 새로운 기회를 제공하면서 혁신적인 의료 기술 개발을 이끈다. 기술 발전으로 개인의 유전자 구성을 자세히 조사할 수 있게 되면서 개인별 유전적 소인의 복잡한 세부 사항을 밝힐 수 있게 된 게 이런 변화의 시작이다. 유전자 치료가 유전적 질병 치료에 큰 가능성을 가지고 있는 만큼 극복해야 할 과제가 여전히 많은 것이 현실이다.

젊어서 더 위험한 당뇨병

현대인에게 많은 고민을 안겨주는 고질병 당뇨. 현대인의 과다한 영양 섭취와 줄어드는 운동량 때문에 발병해 '현대 문명병'이라고도 불린다. 당뇨병에 걸리면 실명, 심질환, 간 기능 약화, 신경질환 이외의 다른 증상에 걸릴 확률이 매우 높아진다. 미국에서는 당뇨 환자가 약 1,600만 명에 이르는 것으로 보고되었다. 당뇨병은 혈액 속의 포도당 수치가 정상인보다 높은 상태로, 우리 몸에서 에너지로 사용되는 포도당이 소변으로 빠져나와서 붙여진 이름이다. 인슐린 분비가 제대로 안 되거나, 인슐린 분비는 되지만 제대로 작용하지 못하면 혈당치가 증가하게 된다. 당뇨병은 흔히 인슐린 분비가 안 되는 1형 당뇨병과 인슐린 분비는 되지만 역할을 제대로 못 하는 2형 당뇨병으로 구분된다.

당뇨병의 발병 원인은 아직 정확하게 규명되지 않았다. 지금까지 밝혀진 바에 따르면 유전적 요인이 당뇨병 발병에 가장 큰 영향을 미치는 것으로 알려졌다. 만약 부모 중 한 사람이 당뇨병이면 자녀가 당뇨병에 걸릴 가능성은 15%, 부모 모두 당뇨병이면 자녀의 발병 가능성은 30% 정도라고 알려져 있다. 그러나 유전적 요인을 가지고 있다 해서 모두 당뇨병 환자가 되는 것은 아니다. 유전적인 요인과 여러 환경적 요인이 함께 작용하여 당뇨병이 생긴다.

소아당뇨, 당뇨 전 단계를 막아라

당뇨병은 혈중 포도당 농도가 정상보다 높아지는 대표적인 성인병으로 최근 20세 미만의 유병률이 증가하고 있다. 특히 소아 청소년기에 소아당뇨가 발병하면 식이요법으로 제한된 식사를 하게 되므로 성장기에 필요한 영양소를 섭취하기 어렵다. 게다가 소아당뇨는 시간이 지날수록 혈당 조절이 어려워지고, 합병증 위험이 커져 조기 발견이 무엇보다 중요하다. 소아

당뇨를 조기 발견하거나 예방할 수 있다면 환아들과 가족의 고통을 확실하게 줄여줄 수 있어 소아당뇨의 원인 유전자를 찾는 연구가 활발하게 이뤄지고 있다.

당뇨병은 단일 유전자성 당뇨병에 속하는 성숙기 발병 당뇨병과 신생아 당뇨병으로 구분된다. '가족성 소아당뇨병MODY'은 흔히 청소년에게서 성인 당뇨의 증상이 나타나는 것을 가리킨다. 대부분 25세 이전에 증상이 나타나며 HNF1A, HNF4A, GCK 유전자 변이가 원인이다. HNF1A 유전자는 간에서 발현해 간의 몇몇 특정 유전자의 발현을 조절하고, HNF4A 유전자는 HNF1A 유전자의 발현을 조절한다. GCK 유전자는 7번 염색체에 위치해 글루코키나아제Glucokinase를 조절하는 유전자다. 신생아 당뇨병은 KCNJ11이나 ABCC8 유전자의 변이로 증상이 나타나며 생후 6개월 이전에 당뇨 진단을 받는다.

최근 '차세대염기서열해독기술NGS'이 발달하면서 한 번의 검사로 여러 유전자를 동시에 분석할 수 있게 되었다. 유전자 검사를 이용해 단일 유전자성 당뇨병을 진단하려면 환자의 표현형과 관련 깊은 유전자를 선택하는 것이 가장 중요하다. 차세대염기서열해독기술은 자세한 염색체 염기서열 해독이 가능해 당뇨병과 신생아 당뇨병 진단에 유용한 것으로 기대된다.

당뇨병의 여러 종류 중 제1형 당뇨병과 유년기 당뇨병은 특히 치명적인 병으로 꼽힌다. 제1형 당뇨병은 한 개의 유전자가 아닌 여러 유전자 안에 돌연변이가 생기는 질병이다. 현재 알려진 바로는 6번 염색체에 위치한 인슐린의존성 진성 당뇨병 자리에 적어도 제1형 당뇨병에 관여하는 유전자가 한 개 이상 있다고 추정한다. 특히 인간 게놈에 십여 개의 장소Locus가 제1형 당뇨병과 관련 있다고 알려졌다. 이 중 11번 염색체의 IDDM2 유전자와 7번 염색체에서 인슐린의 분비를 조절해 당 대사에 중요한 역할을 하는 글루코키나아제 유전자가 있다.

당뇨병은 평생 세심한 관리와 인슐린제 복용이 필수인 만성질환이다. 앞으로는 유전학적인 접근으로 좀 더 명확한 원인 규명이 가능해 환자들이 평생 겪을 고통을 덜어낼 것으로 기대된다. 그러나 당뇨병의 원인이 되는 면역 반응을 억제하려면 아직 많은 연구가 필요하다. 다른 염색체에 있는 유전자들이 어떻게 환자의 당뇨병에 관여하는지 밝혀내는 분석과 연구가 필요하다.

당뇨를 막는 돌연변이 유전자

2022년 미국 보스턴 브리검여성병원 연구진은 당분을 섭취해도 살이 찌거나 당뇨병에 걸리지 않고 건강을 유지하도록 해주는 유전자를 발견했다. 연구진은 'SGLT1' 유전자에 돌연변이가 발생하면 신체 내에서 대사 활동이 변해 당분을 섭취해도 건강 이상이 생기지 않는다고 발표했다. SGLT1의 변종 유전자가 신생아에게는 '포도당–갈락토스 흡수장애'를 일으키지만, 성인의 장에서는 당분 섭취를 억제해 비만과 당뇨병, 심부전증 등의 발병을 막는다는 사실을 발견한 것이다.

SGLT1 유전자의 활동이 활발한 사람일수록 나트륨과 당분 섭취가 많아진다. 같은 음식을 먹더라도 쉽게 비만이 되면 이 SGLT1 유전자 활동이 활발한 사람으로 볼 수 있다. SGLT1 유전자에 급작스러운 돌연변이가 발생하면 신생아 중 특수한 경우에는 대사 작용에 심각한 장애가 발생하기도 한다. 반면 돌연변이가 영향을 점차 늘려가면서 비만을 극복하는 체질로 바뀌기도 하는 것으로 나타났다.

연구진은 1987년부터 수집 중인 지역사회 동맥경화 위험 데이터 중 5,687명의 참가자를 대상으로 유전자를 분석했다. 그 결과 미국에 살고 있는 유럽계 미국인의 경우 13%에서 SGLT1 유전자에 돌연변이가 발생한 반면 아프리카계 미국인은 7.5%에 머물러 인종에 따라 큰 차이가 있는 것으로 나타났다. 연구진은 특히 SGLT1 돌연변이 유전자가 없는 당뇨병 환자의 치료를 위해서 SGLT1의 활동을 막는 억제제 개발에 기대를 걸고 있다. 새로운 치료제 개발로 당뇨와 그밖의 합병증으로 고통받는 환자들을 치료할 수 있는 길이 열릴 것으로 기대된다.

희귀 질환 유전자 치료 현황

최근 몇 년 동안 각종 유전자 치료가 임상시험에 들어갔다는 소식이 이어지면서 관련 기업들도 많은 투자를 유치하고 있다. 특히 희귀 질환 약물 개발을 장려하는 미국 정부의 정책 덕분에 기업들의 연구가 활발하게 이뤄지고 있다. 이런 기조 속에 유전자 치료 기술로 가장 쉽게 치료할 수 있는 질병 분야인 단일 유전자의 유전성 희귀 질환에 대한 유전자 치료 약물 개발도 중요한 진전을 이루었다.

세계보건기구WHO는 전체 인구의 0.65%~1%가 걸리는 질환을 희귀 질환으로 정의하고 있다. 각 희귀 질환별 환자 수는 적지만, 질병의 종류가 워낙 다양해 전체 희귀 질환 환자 수는 생각보다 많은 편이다. 전 세계 희귀 질환 환자가 3억 명 정도 있는 것으로 파악된다. 기술 개발로 희귀 질환 치료가 가능해지면 많은 이들이 고통에서 벗어날 수 있을 것이다. 특히 희귀 질환의 약 80%가 유전자 돌연변이로 발병하기 때문에 유전자 치료는 희귀 질환 발병 원인을 찾는 것에 초점을 맞추고 있다. 이런 흐름 속에 유전자 치료를 활용한 희귀 질환 치료 사례는 매우 다양해지고 있다.

유전자 치료는 우선 치료 표적을 확정한 후에 유전자를 체내에 삽입해야 한다. 질환의 표적이 확인되면 DNA 서열을 암호화한 치료제를 빠르게 설계하고 합성할 수 있다. 체내에 치료 유전자를 운반하기 위한 운반체로 역전사바이러스, 렌티바이러스, 아데노바이러스 등이 사용된다.

바이러스 벡터 유전자 요법은 최근 변형된 바이러스를 약물 전달 도구로 이용해 특정 DNA 서열 또는 기타 치료 물질을 세포에 전달하는 방법을 이용한다. 예전부터 계속 사용해오던 바이러스들은 치료에 한계가 있거나 안전성 문제가 있어 바이러스 벡터의 대표적인 유형인 아데노연관바이러스로 대체하고 있다. 여기에서 소개하는 희귀 질환 유전자 치료 사례는 모두 아데노연관 바이러스를 이용한 유전자 요법이다.

척수성 근위축증

척수성 근위축증은 유전성 신경근육 희귀 질환이다. 척수성 근위축증은 운동 뉴런의 불가역적 상실을 초래해 호흡, 삼키기와 같은 기본운동을 포함한 근육기능장애를 유발한다. 발병률은 약 1만 명 중 1명 수준이지만, 생명에 치명적인 질병으로 환자 대부분은 20개월을 넘기지 못하고 사망하게 된다. 주요 원인으로 환자 체내 SMN-1 유전자 돌연변이에 의한 운동 뉴런의 기능 상실이 꼽힌다. SMN 단백질은 운동 뉴런의 생존에 매우 중요한데, 이 단백질이 부족하면 뉴런이 정상적으로 기능하지 못해 근무력(筋無力)으로 근육 운동이 느려진다.

다국적 제약사 노바티스가 출시한 척수성 근위축증 치료제인 졸겐스마가 세계 최초로 유전자 요법 승인을 받아 2021년 식품의약품안전처로부터 국내 시판 허가를 받았다. 졸겐스마는 혈뇌장벽을 관통할 수 있는 아데노연관 바이러스 벡터 9형 바이러스를 활용한다. 이 약물은 정맥주사 후 지속적으로 SMN 단백질을 생성해 질병 진행을 차단하고, 척수성 근위축의 근본적인 병인을 해결하기 때문에 장기적으로 환자의 삶의 질을 개선할 수 있다.

뒤셴 근육영양장애

근육영양장애는 근육의 악화 정도와 유전적 패턴에 따라 6가지 유형으로 분리된다. 그중 가장 대표적인 것이 '뒤셴 근육영양장애DMD, Duchenne Muscular Dystrophy'이다. 희귀 유전성 골격근 퇴행성 질환으로 주로 2~4세 남자아이에게 많이 나타나고, 남자아이 3천5백~5천 명 중 1명꼴로 발생한다. 근육영양장애는 X염색체 21번에 위치한 디스트로핀 유전자의 결함으로 단백질이 결핍되면서 발병한다. 주로 골격근에 진행성 변성이 일어나 근육 자체가 결합 조직이나 지방으로 바뀌어서 근력이 저하된다. 영유아기부터 증상이 나타나기 시작하고 4세부터 근육 무기력 증세를 보이다가 급속히 악화돼 환자 대부분은 12세가 되기 전에 보행 능력을 잃게 된다. 결국 호흡 기능 장애로 호흡이 어려워지고 심장 기능이 상실되어 심부전증을 초래해 20대에 사망할 정도로 치명적이다.

치료법으로는 화이자가 개발한 미니 디스트로핀의 변형 유전자 'PF-06939926'를 아데노연관바이러스 벡터 9에 탑재해 환자에게 주입하는 방법이 있다. 이 같은 유전자 치료의 장점은 다른 유형의 근육영양장애 유전자 돌연변이를 가진 환자에게도 효과적이라는 점이다. 이 치료법으로 아데노연관바이러스 벡터 9형 바이러스 벡터가 표적인 근육 조직까지 변형 유전자를 효과적으로 전달하는 능력이 있음을 확인했다. 덕분에 유전자 요법이 근육 조직을 정상화하는 능력이 있음을 입증한 셈이다.

레베르 선천성 흑암시

'레베르 선천성 흑암시LCA, Leber Congenital Amaurosis'는 영유아 실명의 주요 원인으로 망막에서 빛을 받아들이는 세포에 이상이 생기는 유전질환이다. 전 세계적으로 10만 명당 3명 정도의 발병률을 보이고, 출생 또는 영유아 때부터 시력이 현저히 떨어져 실명에 이른다고 보고되었다. 해당 질병은 어린이 선천성 시각장애의 10~20%, 유전성 망막변성 질환의 약 5%를 차지한다. 지금까지 레베르 선천성 흑암시 발병 유전자는 27종이 확인되었고, 유전자 돌연변이 환자는 전체 환자의 70% 이상이다. 레베르 선천성 흑암시 환자의 약 10%는 유전자 치료법으로 치료가 가능한 것으로 밝혀졌다.

최신 안과 유전병에 관한 연구에서 과학자들은 '구아닐산 고리화효소-1GC1' 유전자의 녹아웃 마우스(Knock-Out Mouse, 특정 유전자 기능이 발현하지 못하게 녹아웃 기술을 적용한 실험용 생쥐) 실험을 진행해 해당 유전자가 레베르 선천성 흑암시의 발병과 밀접한 관련이 있다는 사실을 밝혀냈다. GC1 유전자가 결핍된 쥐에게서는 망막에서 색깔을 인지하는 역할을 하는 원추세포의 심각한 손상을 보였고 이는 레베르 선천성 흑암시의 증상과 유사했다. 반대로 아데노연관바이러스 벡터 바이러스를 이용해 GC1 유전자를 발현시키면 이미 손상된 원추세포의 기능을 일부분 회복되는 것을 확인했다. 실험용 생쥐를 이용한 실험 덕분에 유전적 질병 치료에 대한 새로운 길이 열리게 되었다.

미국의 시아겐 연구소는 위와 같이 녹아웃 마우스 모델을 이용해 질병 메커니즘과 약물 표적을 연구하는 대표적인 기업이다. 마우스 모델 제작 외에도 다년간의 희귀 질환 연구 경험과 성숙한 신속항원검사(RAT) 모델 제작 경험을 동시에 확보하고 있다.

치명적인 췌장암도 고칠 수 있다

췌장암은 암 중에서도 가장 치명적인 암으로 꼽힌다. 췌장암 진단을 받고 5년 동안 생존할 확률은 7.6%에 불과하고, 치료가 되더라도 2년 안에 다시 재발할 비율이 80% 이상이다. 특히 췌장암은 암이 상당히 진전될 때까지 별다른 증상을 느끼지 못하기 때문에 더욱 치명적이다. 또 췌장이 몸통 내부에 깊숙이 숨어 있어 엑스레이나 복부 초음파 검사로 암을 발견하기 어렵다는 특징이 있다. 그렇기 때문에 췌장암 환자의 85%가 말기에 진단을 받아 생존 확률이 2%도 되지 않는다.

췌장암은 초기 무증상과 고도의 전이 특성으로 인해 사망률이 가장 높은 암중 하나로 꼽힌다. 가족력, 흡연, 생식 계열 돌연변이와 같은 여러 위험 요인이 췌장암 발달과 관련 있고 비만도 그중 하나다. 비만 혹은 체질량 지수 증가와 췌장암 사이의 상관관계를 보여주는 다양한 연구들이 있다. 췌장암 진행의 여러 생물학적 메커니즘을 파악한 결과 여러 요인이 영향을 미치는 것으로 파악되었다. 인슐린 저항성, 염증, 베타 세포 기능 장애, 스트레스뿐만 아니라 비만, 흡연 알코올 섭취 등 생활 습관도 만성 췌장염의 위험을 증가시킨다.

고등학생이 발명한 췌장암 진단 센서

치명적인 췌장암을 조기에 정확하게 진단할 수 있는 췌장암 진단 키트를 발명한 건 과학자들이나 전문가가 아닌 한 고등학생이었다. 1997년생 미국인 잭 안드라카Jack Thomas Andraka가 그 주인공이다. 안드라카는 아버지의 절친한 친구가 췌장암으로 사망한 것을 계기로 초등학교 4학년 때부터 췌장암에 관심을 가졌다. 그러던 중 당시 췌장암 검사 방법이 비싼 데 비해 검사 결과가 부정확하다는 사실을 알게 되었다. 안드라카는 이를 대체할 새로운 방법을 개발하고자 마음먹고 공부를 시작했다.

안드라카는 구글과 위키피디아를 뒤져 췌장암 환자의 혈액에서 발견되는 8,000개 이상의 단백질 종류를 파악했다. 췌장암에서만 나타나는 단백질을 찾아내는 과제를 반복하던 중 '메소텔린Mesothelin'이라는 단백질이 췌장암이나 난소암, 폐암에 걸렸을 때 그 수치가 높아진다는 사실을 발견했다.

안드라카는 '탄소 나노 튜브'를 활용해 암을 치료했다는 논문을 읽고, 항체 반응을 확인하는 데 이 도구를 사용하기로 마음먹었다. 메소텔린에만 특정하게 반응하는 항체를 탄소 나노 튜브와 섞은 뒤 종이 위에 고정했다. 이렇게 만든 종이 센서는 항체가 메소텔린에 반응해 탄소 나노 튜브를 흐트러뜨리면 전기 전도에 따라 그 모양이 바뀌는 게 눈으로 확인되었다. 안드라카가 15세의 나이에 발명한 이 진단 키트는 기존 췌장암 진단 방식보다 빠르고, 저렴하고, 400배 더 민감한 획기적인 발명품이었다. 이로써 간단하게 췌장암을 진단할 방법이 마련되었다. 게다가 정확도가 100%라 향후 췌장암의 생존 확률을 대폭 끌어올릴 것으로 기대된다.

제6장

100억 인구의
지속 가능한 먹거리를 위해

1
인류의 먹거리는 어떻게 만들어졌나?

인간이 선택한 돌연변이 작물

2024년 기준 세계 인구가 80억 명을 돌파했다. 1974년 40억 명을 기록했고, 48년 만에 두 배로 늘어났다. 유엔은 세계 인구가 이런 추세로 증가한다면 2058년에는 100억 명을 넘어설 것으로 예측한다.

다가오는 인구 100억 명 시대의 식량 문제 해결을 위한 논의가 활발히 진행 중이다. 인구 증가뿐만 아니라 지구 온난화와 기후 변화, 자원 고갈 문제 등 앞으로 인류의 생존을 위협하는 요소는 늘어날 것이다. 따라서 현재와 미래를 생각하는 지속 가능한 먹거리 확보가 생존과 직결된 중요한 문제로 떠오르고 있다. 해결책으로 콩과 옥수수 같은 식물성 식품이 주목받고 있으며 그 중심에는 '유전자 변형 기술'이 있다.

자연에서 유전적 변이를 선택할 수는 없다. 설사 자연 상태에서 변이를 선택할 수 있다고 하더라도 적어도 변이가 이뤄지기까지 수백만 년이 걸린다. 그러나 인간은 불과 1천 년이 안 되는 기간 동안 다양한 변이를 만들어 냈다. 현재 우리가 즐겨 먹는 주식은 대부분 유전자 변형 농산물이다. 일반적으로 생산량 증가 또는 유통·가공 상의 편이를 위해 유전공학 기술을 이용한 새로운 품종들을 개량했다.

오늘날 우리가 즐겨 먹는 옥수수의 조상은 멕시코, 과테말라 및 니카라과에서 발견되는 옥수수속의 일종인 테오신테Teosinte이다. 현대 유전학 연구 결과에 따라 단일 유전자 돌연변이로 야생 테오신테의 곁가지가 지금의 옥수수로 변이된 것으로 밝혀졌다. 겉으로 보기에 테오신테와 지금의 옥수수는 전혀 다른 모습이지만, 두 식물은 유전자 5개 정도만 다르고 염색체 수는 같다.

야생 테오신테(왼쪽)로부터 변형된 현재의 옥수수(오른쪽)

결국 테오신테가 1만 년을 거쳐 옥수수자루로 변형되어 오늘날 세계 3대 작물 중 하나가 된 셈이다.

세계 3대 작물 중 하나인 벼는 우리의 대표적인 주식 작물이다. 오늘날의 재배 벼는 같은 조상에서 분화된 서로 다른 두 가지 야생종에서 진화했다. 약 2~3백만 년 전, 두 야생종이 각각 아시아 재배종인 사티바종과 아프리카 재배종인 글라베리마종으로 분화했다. 서아프리카 일부 지역에서만 재배되고 있는 아프리카 벼와 달리 전 세계적으로 널리 분포하고 있는 아시아 벼는 다시 두 생태종인 일본형 벼와 인도형 벼로 분화했다. 일본형 벼와 인도형 벼는 같은 조상에서 분리되었음에도 서로 교배가 안 될 정도로 유전적으로 달라진 생태종이다. 흔히 교배가 불가능한 상태는 염색체에 변이가 일어난 경우로 볼 수 있다. 유전자 염기서열 분석법인 SSRSimple Sequence Repeat 분석법으로 두 벼의 유전자형을 검정한 결과, 일본형 재배종 벼는 아프리카형 야생종의 염색체가 합쳐진 돌연변이로 판명되었다.

야생 벼(왼쪽)와 재배종 벼(오른쪽)

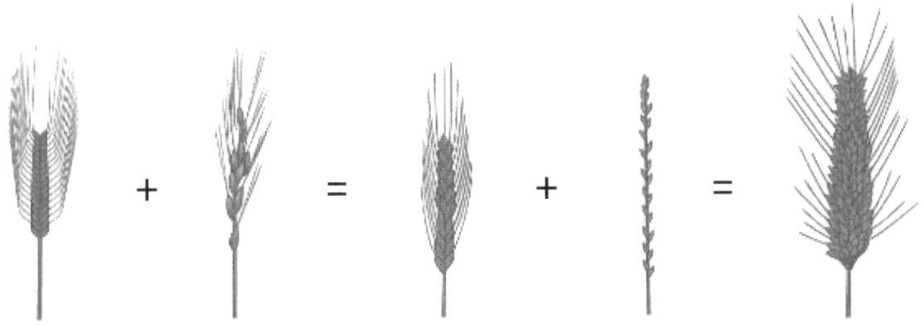

3종의 게놈이 합쳐져 탄생한 돌연변이, 빵밀(AABBDD)

3대 작물 중 마지막 하나인 밀도 돌연변이로 탄생했다. 밀은 원래 외알 밀(AA)과 야생 밀(BB)이 교배된 후에 A와 B가 분리되어 원래 상태로 되돌아가야 하는데, 염색체 A와 B가 분리되지 않고 AB 상태에서 2배가 되어 AABB의 돌연변이가 되었다. 이 돌연변이에 또 하나의 야생 근연종(DD)의 염색체와 합쳐서 빵밀(AABBDD)이 되었다. 현재 재배되고 있는 밀은 결국 두 번의 돌연변이 과정을 거쳐 탄생한 것이다.

작물뿐만 아니라 꿀벌도 돌연변이가 있다?

현재 지구상에서 가장 많이 먹는 주요 채소 중 하나가 양배추다. 양배추는 야생 겨자로부터 개량된 채소인데 케일, 콜라비, 브로콜리, 콜리플라워 등 수많은 변이종이 양배추로부터 탄생했다. 콜리플라워와 브로콜리는 MADS 박스 유전자에 속하는 혹스HOX 유전자 BoAP1의 변이 때문에 생겨난 사실이 밝혀졌으며 콜라비, 브뤼셀 등도 같은 변이를 통해 만들어진 것으로 추정된다. 모두

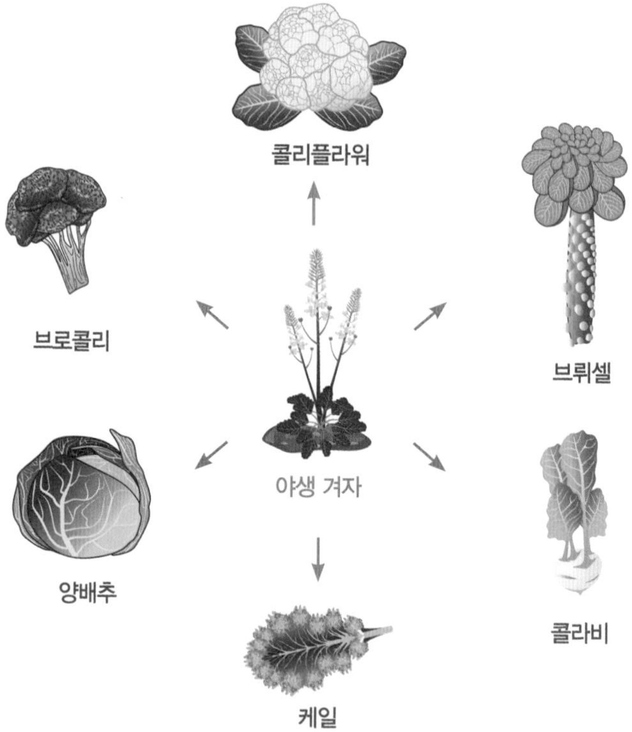

야생 겨자(가운데)로부터 변이된 각종 채소들

가 자연 발생적으로 생긴 돌연변이가 아닌 인간이 선택해 만든 돌연변이의 산물이다.

배추(AA)와 겨자(BB)의 게놈이 합쳐져 갓(AABB)이 되었고, 배추(AA)와 양배추(CC) 게놈이 합쳐져 유채(AACC)가 되었다. 염색체 수로 보면 배추의 생식세포 10개, 겨자 8개가 합쳐져 갓의 염색체가 18개가 되어야 하지만 실제로 갓은 36개의 체세포 염색체를 가진다. 유채 역시 배추 10개와 양배추 9개의 성

염색체가 합쳐지면 19개의 체세포 염색체가 되어야 하는데 유채의 체세포 염색체는 38개다. 이렇게 염색체가 2배, 3배로 늘어나는 현상을 배수체화 현상이라고 하는데 우리가 일상에서 쉽게 보는 농작물은 대부분 이런 배수체 작물이다. 위에 설명한 갓, 유채를 비롯해 감자, 바나나, 토마토, 밀, 사탕수수 등이 대표적이며 이런 배수체는 모두 돌연변이다. 참고로 꿀벌도 배수체가 있다.

최근에는 배배양Embryo Culture, 원형질체 배양 등의 기술을 동원해 이전보다 더 쉽게 종·속간교잡을 성공시키고 있다. 양배추는 야생 겨자의 생식세포 염색체 8개에 1개가 추가되어 9개의 염색체를 가지는데, 추가된 1개의 염색체는 어디서 온 것인지 분명치 않다. 야생 겨자의 세포 분열 과정에서 불균등 분열의 결과로 생겨난 것으로 예상한다.

바나나가 없어지는 날이 온다

2019년 기준 2억 1천만 톤에 이르는 생산량을 자랑하던 바나나는 무사 파라디시아카Musa paradisiaca라는 종으로 야생종 바나나 두 종이 합쳐진 잡종(A×B)이다. 바나나는 AA, BB, AB 염색체 외에도 AAA, AAB, AABB 등 여러 가지 염색체 배열을 보인다. 우리가 주로 즐겨 먹는 캐번디시Cavendish 바나나처럼 달고 맛있는 과일은 대부분은 AAA 그룹에 속한 3배체 품종으로 씨 없는 수박처럼 씨가 없는 게 특징이다.

여러 가지 야생 및 재배종 바나나

바나나는 씨가 없어 종자로 번식을 할 수 없다. 그래서 3~5주 정도 지난 새끼 싹을 나눠 심어야 하는데, 번식 속도가 워낙 느려 대량 재배가 불가능했다. 지금은 조직배양기술의 발전으로 생장점 배양을 통해 1년에 수백만 그루까지 번식할 수 있게 되면서 대량생산이 가능해져 포도를 제치고 세계 과일 생산 1위를 차지했다.

멸종 위기에 놓인 바나나 품종

현재 가장 많이 재배되고 있는 바나나 품종은 '캐번디시'다. 바나나의 대명사가 된 캐번디시는 연간 생산량이 약 5천만 톤에 달한다. 우리가 즐겨 먹는 캐번디시 바나나가 멸종 위기에 놓여 있다. 캐번디시 바나나 품종에 치명적인 병이 퍼져 재배 농장에서 바나나 나무가 죽어가고 있기 때문이다. 발병한 병원체의 유전자 검사를 했더니 토양에 사는 곰팡이의 일종으로 파나마병의 변종인 TR4로 밝혀졌다. 바나나 총생산량의 50% 이상이 넘는 캐번디시 품종이라 세계 바나나 산업 전체가 무너질 수 있는 위기에 놓여 있다.

TR4는 바나나 중에서도 단 한 종, 캐번디시에만 유독 치명적이다. TR4균은 길게는 수십 년씩 토양에 잠복해 있다가 뿌리를 통해 바나나 나무줄기에 침투한다. TR4에 감염된 바나나 줄기는 2~9개월 사이에 속이 썩어 텅 비어 쓰러지고 만다. 결국 TR4에 감염된 땅에선 더 이상 바나나를 재배할 수가 없다.

캐번디시 바나나의 멸종 위기를 해결하기 위해 퀸즐랜드 기술대학교의 데일 교수가 연구에 나섰다. 연구팀은 식용 불가능한 야생 바나나 품종에서 TR4 면역 유전자인 RGA2 유전자를 추출하는 데 성공한 후 RGA2 유전자를 캐번디시 바나나에 이식하는 연구를 진행하고 있다. 인류가 바나나를 구할 수 있는 최고의 선택은 유전자 조작 기술을 활용하는 것이었다. 그러나 유전자 변형 기술을 활용하는 데에는 기술적 한계가 있기 마련이다. 또한 GMO 식품의 안정성을 우려하는 소비자, 정치인, 환경운동가 등의 반발도 해결해야 하는 과제다. 이런 이유로 유전자 변형 바나나는 시판되기 이전에 안전성 검증을 거치는 과정이 필요하다. 유전공학의 기술력으로 바나나의 멸종은 피했지만, 상용화되어 현실적인 문제를 해결하기까지 시간이 필요할 것으로 보인다.

2
돌연변이, 진화의 근원이 되다

백만분의 일의 확률, 자연돌연변이

돌연변이는 전자파, 방사선, 화학 물질 등 여러 요인으로 DNA의 유전 정보가 원본과 달라지는 현상을 말한다. 돌연변이로 인해 원본과 달라진 유전자는 이전과는 다른 단백질을 생산하게 되고 결국 유전 형질에 변화가 생긴다.

돌연변이설은 유전 형질이 변한 돌연변이가 생물을 진화하게 만든다는 이론이다. 여러 세대를 거쳐 생겨나는 돌연변이가 유전자 풀에 변화를 가져오고, 결국 다양해진 유전자 풀에서 자연선택을 거쳐 생물이 진화한다. 다음 세대로 전달된 돌연변이는 기존의 유전자와 다른 기능을 발현하는 유전자 집단이 되고, 새로운 종으로 분화하기도 한다.

자연돌연변이Spontaneous Mutation는 100만 번에 한 번꼴로 자연에서 발생하는데 생물의 종류에 따라 그 빈도에는 차이가 있다. 인위적으로는 생물에게 방사선을 쬐거나 약품을 처리해 더 높은 빈도로 돌연변이를 만들 수 있는데, 이것을 인위돌연변이Induced Mutation라고 한다.

RNA를 유전물질로 사용하는 바이러스는 DNA를 유전물질로 하는 바이러스보다 돌연변이가 더 쉽게 자주 발생해 생존 적응력이 강하다. 2019년에 출현해 아직 우리 삶을 괴롭히고 있는 코로나19 바이러스가 바로 RNA 바이러스다. 바이러스가 인체에서 생존하기 위해서는 사람의 면역체계를 극복할 수 있는 다른 유전 정보를 가져야 유리하다. RNA 돌연변이 바이러스, 균류, 세균류는 페니실린 같은 항생제에 이미 저항력이 생긴 병원균으로 사람의 생명을 위협한다.

돌연변이가 유전자 수준에서만 일어나는 것은 아니다. 염색체 수준에서 일어나는 대규모 돌연변이도 있다. 대표적인 예가 바로 인간의 2번 염색체다. 다른 영장류는 스물네 쌍의 염색체를 가지지만 인간은 스물세 쌍의 염색체를 갖는다. 별개의 두 염색체가 접합되어 하나의 염색체가 되는 돌연변이가 일어났기 때문이다. 또 다른 예로는 다운증후군이 있다. 인간의 염색체 중 21번 염색체가 세 개인 다운증후군은 염색체 수가 더 많아진 돌연변이다. 부모 중 어느 한쪽에서 생식세포를 형성할 때 감수분열 과정에서 21번 염색체가 비분리되어 생기며, 상염색체 수의 이상이므로 남녀 모두에게 나타날 수 있다.

돌연변이는 생물의 진화일까 도태일까?

대규모 돌연변이는 염색체 수준에서 일어나는 돌연변이를 의미한다. 대규모 돌연변이가 발생하는 원인으로는 두 개 이상의 유전자 중복 또는 결실, 염색체 역위, 염색체 전위, 이형 접합 소실이 있다. 유전자 중복은 상동 염색체 재조합 과정에서 레트로트랜스포존Retrotransposon이 오류를 일으켜 염색체의 일부 구간이 중복, 복제되는 현상이다.

1970년 일본의 생물학자 스스무 오노는 공통 조상에서 종 분화가 일어나는 가장 큰 원인으로 '유전자 중복'을 지목했다. 식물은 유전자 중복이 비교적 쉽게 일어나는데, 밀의 경우 같은 유전체가 6배수로 존재한다. 사람의 손발 근육이 위축되고 모양이 변형되는 증상을 보이는 사르코마리투스병 역시 유전자 중복이 원인으로 밝혀졌다. 염색체 중 손발의 말초신경 발달에 관여하는 구간에서 유전자 중복이 일어나고, 10만 명당 36명꼴로 발병한다고 알려졌다.

유전자 결실은 유전자 중복과 반대로 염색체 일부가 유전자 재조합 과정에서 빠져 일어나는 돌연변이이다. 크리두샤 증후군, 윌리엄스 증후군, 뒤센형 근이영양증 등의 유전성 질환의 원인이 된다. 하지만 유전성 질환을 앓고 있지 않은 건강한 사람들에게서도 유전자 결실은 흔히 발견되는 편이다. 유전자 발현에서 중요한 역할을 하는 유전자가 결실되었을 때만 질병으로 나타나게 된다.

자연의 모든 생물은 생물의 종류에 따라 다르지만, 지금도 1백만분의 1의 확률로 끊임없이 자연돌연변이가 발생하고 있다. 자연돌연변이 중 많이 알려진 하나가 체세포돌연변이로 인한 '키메라Chimera 현상'이다. 키메라는 그리스 신화에 등장하는 사자 머리에 염소 몸통, 뱀의 꼬리를 가진 전설 속 괴물의 이름이다. 한 개의 생물체 또는 하나의 조직에 유전적인 형질을 달리하는 2개 혹은 그 이상의 세포가 섞이는 것을 말한다. 키메라 현상을 보이는 사람은 지금까지 전 세계에 100명 정도 있는 것으로 알려진다. 호주에서 발견돼 유명해진 '키메라 사과'도 역시 발생 확률은 1백만분의 1이었다.

돌연변이는 자연환경과 어우러져 잘 적응하게 되면 원래의 생물 집단과는 다른 특성 형질을 지닌 새로운 개체군을 형성해 하나의 종으로 남게 된다. 그렇지 못한 개체군은 자연에서 도태되고 만다. 돌연변이는 진화의 근원인 셈이다. 자연생태계에서 두 가지 기본 요소는 생존과 번식이다. 생물은 살아남아야 번식의 기회도 얻을 수 있다. 번식 과정에서 발생하는 변이는 선택의 기회를 제공한다. 즉, 변이가 없으면 선택도 없다.

후대에 이어지지 않는 키메라 돌연변이

변이를 유발하는 동기에는 돌연변이와 교잡에 의한 변이가 있는데 교잡에 의한 변이는 오랜 기간이 지나면 원래의 상태로 환원되지만, 돌연변이는 환원되지 않고 지속되는 차이가 있다. 기존에 존재하지 않던 새로운 유전적 변이를 만들어 낼 수 있는 것은 돌연변이밖에 없다. 결국 돌연변이를 멀리하는 것보다는 활용하는 것이 환경 변화를 겪게 될 인간과 자연 모두에게 더 유익한 결과를 가져올 것이다.

자연돌연변이의 필수 역할

결론부터 말하자면 자연돌연변이는 진화의 근원이다. 자연돌연변이는 자연이 만들지만 한 편으로는 '자연선택Natural Selection' 된다. 예를 들어 천만 개체 이상으로 이루어진 한 집단이 서식하고 있다고 가정해 보자. 만약 집단 내 DNA 변화로 염기서열이 다른 개체가 포함되어 있지 않다면, 모든 개체가 똑같은 DNA를 가지고 있어 지구 환경이 급변하는 순간 모두 사멸하게 될 것이다. 하지만 그 집단 중에 자연돌연변이가 있다면 그 결과는 달라진다. 환경이 급변해도 이전 집단과 유사하지만, 다른 새로운 집단이 번창해 세대를 이어 갈 수 있기 때문이다.

46억 년 지구 역사 중, 38억 년 전에 처음 탄생한 생명체는 지금까지 이런 절차를 수도 없이 거쳐 생존해왔다. 이러한 과정이 없었다면 처음 탄생했던 원시 생명체 상태 그대로 지금까지 존속되었을 것이며 지금 같은 생물 다양성이 존재하지 않았을 것이다.

자연돌연변이는 인류의 진화에 필수적이지만, 인류 식량 문제에 해결책이 되기도 했다. 1970년대 이전에는 '보릿고개'라는 말이 있었다. 지난해 수확한 벼는 바닥나고, 보리는 아직 여물지 않아 부족한 식량으로 겨우 버텨야 했다. 당시에는 우리나라뿐만 아니라 전 세계 인류가 마찬가지로 식량난에 허덕였다. 이런 식량난 해결을 위해 등장한 것이 바로 '녹색 혁명'이다. 녹색 혁명으로 전통적인 농법에서 벗어나 새로운 유전 기술을 이용해 농산물의 품종 개량을 이뤄냈다. 그 결과 농업생산량이 대폭 증가해 식량난을 해결할 수 있었다.

미국의 록펠러재단이 멕시코에 설립한 국제옥수수밀연구소가 녹색 혁명의 시작이었다. 이 연구소가 주축이 되어 밀 품종 개발을 전담했고, 필리핀의 국제미작연구소는 벼 단간품종 IR8을 육성하는 데 성공했다. 밀, 보리, 벼의 자연돌연변이를 개량 소재로 활용해 수확량이 많은 우량품종을 개발하는 데 성공할 수 있었다. 이로 인해 기존 단위 면적당 생산량을 두 배 이상 올려 식량 부족을 크게 개선할 수 있었다.

인위돌연변이 연구의 시작

자연돌연변이로 식량 문제를 해결할 가능성을 찾은 과학자들은 자연에서 발생하는 돌연변이를 인위적으로 만들 수는 없을지 고민하기 시작했다. 앞서 언급한 미국의 멀러 박사가 1927년 초파리에 X선을 쏘아 최초로 돌연변이를 만들었다. 이듬해 스태들러 박사가 보리 돌연변이를 만든 것을 계기로 인위돌연변이 연구가 본격화되었다. 그 후 스웨덴, 독일, 이탈리아 등 유럽 국가에서 본격적인 기초 연구와 실용화 연구가 활발하게 진행되었다. 특히 국제원자력기구IAEA는 세계식량기구FAO와 공동으로 돌연변이 연구 프로그램을 만들고 돌연변이 연구 전담 부서를 설립, 운영하면서 세계 각국의 돌연변이 연구를 지원하게 되었다.

인위돌연변이는 크게 네 가지로 분류할 수 있다. 첫 번째는 유전자 돌연변이이다. 유전자 돌연변이는 일명 '점 돌연변이Point Mutation'라고도 불린다. 단일 뉴클레오타이드 염기가 유기체 게놈의 DNA 또는 RNA 서열에서 변경, 삽입 또는 결실되는 유전적 돌연변이다. 이 돌연변이는 일반적으로 DNA 복

구분	돌연변이가 일어나지 않은 상태	점 돌연변이			
		잠재 돌연변이	난센스 돌연변이	과오 돌연변이	
				보존적	비보존적
DNA 수준	TTC	TTT	ATC	TCC	TGC
mRNA 수준	AAG	AAA	UAG	AGG	ACG
단백질 수준	Lys	Lys	STOP	Arg	Thr

점 돌연변이의 종류

제 중에 발생하며 전체 DNA 서열을 변경할 수 있다. 점 돌연변이는 DNA 복제 중 UV 광선, X선, 감마선, 이온빔 등 방사선과 같은 물리적 원인이나 여러 화학 물질에 의한 화학적 원인에 의해 발생한다. 종류에는 잠재 돌연변이 Silent Mutation, 난센스 돌연변이 Nonsense Mutation, 과오 돌연변이 Missense Mutation가 있다.

두 번째는 인위돌연변이는 염색체 돌연변이다. 염색체 돌연변이는 염색체의 구조가 변하는 현상이다. 결실, 중복, 역위, 전좌, 염색체 수 변이가 있다. 결실 Deficiency은 염색체의 한 부분이 떨어져 나가 없어지는 현상을 뜻한다. 세포가 분열하면서 염색체가 복제될 때 실수로 효소의 기능이 잘못돼 염색체 일부가 상실되거나, 인위적으로 효소 활성이 제어돼 발생한다. 역위 Inversion는 염색체 조각의 앞뒤가 바뀌어 유전자 배열이 완전히 달

염색체 돌연변이 종류	DNA 가닥의 변화
결실(Deletion)	1개 또는 여러 개의 염기가 DNA 가닥에서 떨어져 나감
삽입(Insertion)	1개 또는 여러 개의 염기가 DNA 가닥에 삽입된 상태
중복(Duplication)	DNA 가닥이 중복된 상태
역위(Inversion)	DNA 가닥이 동일 위치에 존재하나 역방향으로 바뀜
전좌(Translocation)	DNA 가닥이 대립 DNA 가닥에 서로 이동하여 자리가 바뀜

염색체 돌연변이의 종류

라지는 현상으로 암호를 거꾸로 읽는 것과 비슷한 효과가 나타난다. 전좌Translocation는 염색체 조각이 고정된 특정 위치에서 벗어나 대립 유전자와 위치를 바꿔 결합한 것을 의미한다. 이런 현상은 자연 상태의 식물에서도 많이 발생한다. 달맞이꽃은 염색체가 14개지만 12개 염색체에서 상호전좌가 일어난 것이다.

세 번째는 체세포 돌연변이다. 각각의 기관으로 분화된 체세포에 돌연변이가 발생한 경우를 체세포 돌연변이라고 한다. 후대에 전이되지 않고 생물체 일부에서 키메라 형태로 나타난다. 한 개체에 유전자형이 다른 조직이 겹치는 유전 현상인 키메라 현상을 이용해 서로 다른 종끼리의 결합으로 새로운 종을 만드는 세포융합기술이 등장했다. 이 기술을 이용해 만든 감자와 토마토를 접목한 '포마토'나 녹색과 백색을 비롯한 다양한 색이 섞인 잎을 가진 키메라 식물이 대표적인 인위돌연변이 식물이다.

네 번째는 생식세포 돌연변이다. 체세포 돌연변이가 자손에게 전달되지 않는 것과는 달리 생식세포 돌연변이는 암수의 생식세포에 돌연변이가 발생해 후대에 전이된다. 생식세포 돌연변이가 개체를 변화시킬 때 일반적으로 그 효과는 해롭다. 실제로 많은 종류의 유전병은 생식세포 돌연변이 때문에 생긴다.

국내 돌연변이 연구의 출범

국제식량농업기구와 국제원자력기구가 공동으로 설립한 FAO/IAEA는 원자력을 이용한 식량 안보와 농업 발전을 위한 연구를 200개국 이상 지원하고 있다. 농작물 개량, 토양 작물 영양, 가축 영양 위생, 해충 구제, 식품 안전 등 5개 분야다.

2022년 기준 전 세계 각국에서 육성한 돌연변이 품종은 총 3,402건이고 아시아 지역이 2,087, 유럽 960, 북아메리카 211, 아프리카 82 순으로 돌연변이 품종을 개발했다. 국가별로 보면 중국 817, 일본 500, 인도 345, 러시아 216, 네덜란드 176 순이다.

우리나라에서는 1966년 방사선농학연구소의 출범과 동시에 방사선을 이용한 벼, 보리, 콩 등의 돌연변이 품종 개량이 시작되었다. 국내 최초로 농촌진흥청과 공동으로 원자 씨앗이라 할 수 있는 밀양 10호 벼 품종, 방사 6호 보리 품종, 방사콩 개발에 성공했다. 70년대부터 국제원자력기구의 지원을 받아 본격적으로 돌연변이 연구를 수행했고, 1985년 방사선유전공학연구소가 출범하면서 FAO/IAEA와 국제공동연구가 진행되고 있다. 현재는 한국원자력연구원 산하 방사선과학연구소에서 연구가 진행 중이다. 국립종자원의 품종 보호권 등록에 따르면, 2022년 기준 기관과 민간 26곳에서 등록한 돌연변이 품종 보호권은 180건이 있다.

현재 FAO/IAEA에 등록된 우리나라의 돌연변이 품종은 총 40개이다. 벼,

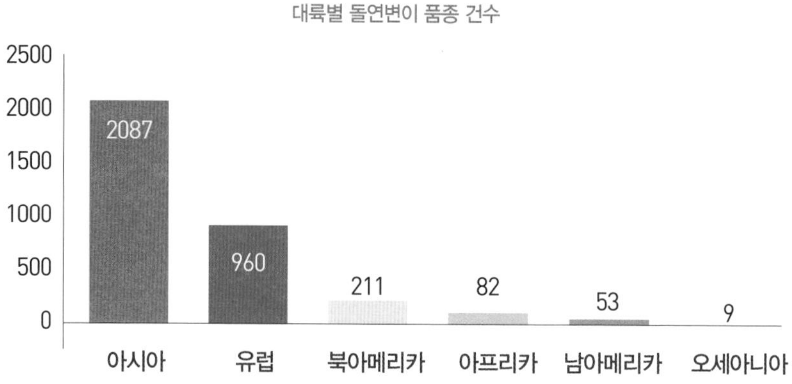

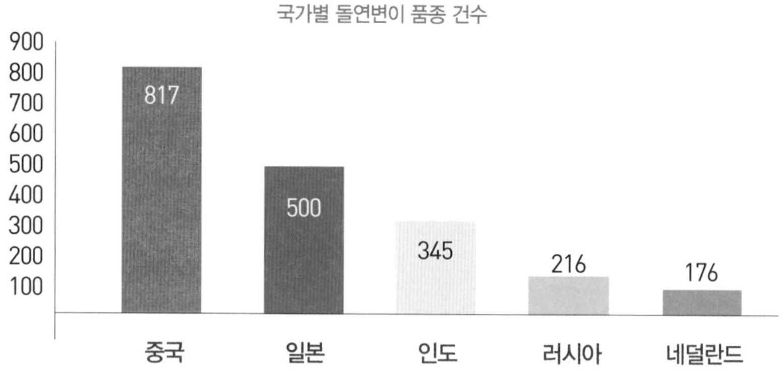

2022년 IAEA가 발표한 대륙별, 국가별 돌연변이 품종 개수

작물/식물명		돌연변이 유기원	품종 수
식량작물	벼	감마선, 약품	42
	보리	X선	2
	귀리	미상	1
유지작물	콩	감마선, X선	3
	들깨	감마선	5
	참깨	감마선	1
채소작물	배추	중이온빔	2
	유채	중이온빔, 감마선	5
	마늘	미상	2
	도라지	감마선	2
	수박	미상	2
과수작물	블랙베리	감마선	1
관상목	무궁화	감마선	9
	장미	감마선	8
	케나프	감마선	3
	뽕나무	미상	1
화훼 란	덴드로비움	감마선	4
	심비디움	감마선	10
	풍난	감마선	1
화훼작물	국화	감마선	17
	배롱나무	감마선	4
	쑥부쟁이	감마선	2
	금계국속	미상	35
	가우라	미상	8
	비비추	감마선, 약품	5
	염자	미상	3
	기타식물	미상	11
합 계		189	

2022년 국립종자원에 등록된 돌연변이 품종

보리, 콩과 같은 식량작물과 무궁화, 배추, 장미, 난, 국화 등 원예작물 그리고 참깨, 들깨 등 공예작물의 돌연변이 품종 개발에 성과를 거두었다. 돌연변이 유전자원은 유전공학 연구의 핵심 소재로 활용하거나 품종 개량의 표본으로 활용해 우수 품종을 육성해 왔고, 배추와 벼의 유전체 분석에 돌연변이체의 DNA가 소재로 쓰이기도 했다. 유전체 분석 연구는 현재 인간 유전체 분석과 벼, 배추의 1차 유전체 분석이 완료되었으며 이들 연구는 국가적 차원에서 지원받아 이루어진다. 국가적 지원 없이 개발이 이뤄지기도 하는데 배추의 원조 식물인 애기장대는 과학자들로 이뤄진 연구 집단이 협력해 유전체 분석을 완료해 주목받았다. 국내 고유의 생물 유전자원은 농촌진흥청 유전자원 은행에 보존되고 있고, 돌연변이 유전자원은 한국원자력연구원 유전자원 은행에 위탁 보존된다.

방사선 처리로 만들어진 인위돌연변이들

3
유전자 혁명과 미래 먹거리 해결

미래에는 인공지능과 생명공학의 결합으로 만들어진 차세대 먹거리가 대세가 될 것이다. 유전자 조작을 통해 작물의 특성을 개선하거나 새로운 식물 종을 개발함으로써 영양성분이 우수한 작물이 등장할 것이다. 이러한 혁신적인 먹거리의 탄생으로 더욱 건강하고 지속 가능한 미래를 만들어 갈 수 있을 것이다.

유전자 변형 식물의 개발과 상품화

현재 지구상의 인구는 80억 명으로 집계되는데, 그중 20억 명가량의 인구가 식량난으로 굶주리고 있다. 2050년에는 인구가 100억 명으로 늘어날 것으로 추정되고, 지구 온난화·도시화·산업화로 농지가 줄고 있어 식량난은 더욱 심각해질 것으로 예상된다. 다가올 식량난을 해결하기 위해 과학자들의 연구가 이어지고 있다. 과거 녹색 혁명으로 식량난을 해결했다면, 미래의 식량난은 어떻게 해결할 수 있을까?

녹색 혁명에서 유전자 혁명으로!

녹색 혁명Green Revolution은 품종 개량, 재배법 개선 등 새로운 농업기술의 개발로 농산물의 수확량이 대폭 증가한 개혁이었다. 미국의 록펠러재단은 1944년 멕시코에 밀연구소를 개설하고 연구를 지원해 밀 생산량을 획기적으로 증가시켰다. 이것이 녹색 혁명의 시초가 되었다.

과학자들은 자연에서 얻은 자연돌연변이를 활용하여 우수한 품종을 육성하고 재배 기술을 개발함으로써 식량을 성공적으로 확보해 왔다. 그러나 지금의 품종 개량 기술로 미래 100억 인구의 식량 문제를 해결하는 것에는 한계가 있다. 이런 문제를 해결하기 위해 새로 등장한 것이 바로 유전공학 기법을 활용한 돌연변이 품종 개량이다. 미국을 비롯한 선진국에서는 이 분야의 연구가 활발하게 이뤄졌고, 품종 개량 기술이 급속도로 발전했다. 유전공학 기법을 이용해 새로운 슈퍼 돌연변이 품종들이 속속 개발되기 시작했다. 이 단계를 녹색 혁명을 넘어 '유전자 혁명Gene Revolution'이라고 한다.

전 세계 식량난을 해결할 구원 투수

인류는 이미 1000년 전부터 좋은 종자를 얻기 위해 특정 작물을 선택하고 교배시켜 인위적으로 유전자를 변형해왔다. 수천 종에 달하는 사과 품종이 그 증거다. '유전자 변형 생물체GMO'는 유전자 변형 기술을 이용해 자연 없는 새로운 성질이 부여된 동식물과 미생물까지를 총칭한다.

제초제 내성 콩·옥수수·유채, 해충 저항성 목화·형광 물고기 등이 대표적이다. GMO는 세계적으로 18개 작물에 적용돼 108개 품종이 재배되고 있다. 우리나라는 식용·농업용 GMO 수입량이 지난해 1,024만 톤(23억 달러) 규모에 이르는 최대 수입국 중 하나다.

이전까지 일반 품종 개량은 이종끼리 교배로 유전자를 교환하는 방식이었다. 동물의 경우, 거리가 먼 혈통끼리는 교배가 이뤄지지 않아 유전자 교환에 한계가 있었다. 동물에서 혈통끼리 교배가 가능한 것은 말과 당나귀의 교배로 탄생한 노새, 호랑이와 사자 사이에서 태어난 라이거 정도가 고작이다. 이런 잡종은 후대를 계승하지 못하는 것이 일반적인 현상이다.

동물과 달리 식물에서는 상당히 많은 교배종이 존재한다. 특히 이러한 불임성 잡종도 배수체가 되면 후대를 계승할 수 있는 특징이 있다. 인류가 식용으로 재배하고 있는 밀, 귀리, 감자, 고구마, 키위, 바나나, 포도 등 상당수의 농작물이 여기에 해당한다.

이전까지 이뤄진 품종 개량에는 분명한 한계가 있었다. 이런 한계를 뛰어넘을 유일한 수단으로 유전자 조작에 의한 '슈퍼 돌연변이'가 등장해 많은 과학자들의 새로운 연구 과제가 되었다. 유전자 조작은 단순한 동일 종 세포 내의 유전자 변형이 아니고 모든 생물의 영역을 초월한 유전자 교환을 의미한다. 자연에서는 동종끼리 교배로 유전자를 교환하지만, 인위적인 유전자 조작은 종의 범주를 벗어난 유전자 교환이 가능하다. 유전자 조작으로 미생물과 동식물의 경계를 넘나들면서 유전자를 인위적으로 상호 교환할 수 있게 된다. 즉 미생물의 유전자를 식물과 동물에 삽입하거나 동식물의 유전자를 미생물에 삽입해 유전자 변형을 유도하는 방식도 가능해진 것이다. 지금도 많은 종류의 슈퍼 돌연변이가 동식물에서 만들어지고 있어 앞으로의 발전이 기대된다.

계속되는 안전성 검사

미국 유기농협회에 따르면 미국 전체 작물의 40%가 GMO이고, 가공식품의 80%가 GMO를 포함하고 있다고 한다. GMO 콩은 두유, 두부, 콩과자, 된장, 간장, 유아용 이유식, 단백질 음료, 에너지 바, 콩가루, 빵과 고기 대체품, 마요네즈, 샐러드 드레싱, 통조림 및 비타민 E와 같은 보조 식품 등에 사용되고 있다. 면실유(목화씨 기름)와 유채기름도 대부분 GMO이다. 상업용 자당과 설탕은 사탕수수 대신 GMO 사탕무로 만든다. 주요 국가의 GMO 품종 재배와 유통 현황은 다음 표와 같다.

구분 / 국가	GMO 품종의 종류														합계
	식용작물					공예작물			채소		기타				
	벼	밀	옥수수	콩	감자	사탕무	사탕수수	유채	토마토	호박	사과	카네이션	면화	기타	
아르헨티나		1	50	18	1								9	1	80
호주	2	2	21	11	17		2	25				12	18	3	113
브라질		1	34	10									16	1	62
캐나다	2		50	11	26	2		19	1	1			16		128
중국	2		19	11		1		13					6	2	54
유럽연합			55	22	1	1		12				7	15	1	114
인도				5									5		10
일본			88	30	9	3		16				8	34	8	196
러시아	1		15	9	2	1									28
남아공	1		42	14				5					10		72
미국	5	2	46	26	44	3	2	23	8	2	3		12	6	182
한국			8	8	8	1		5					3	5	38
합계	13	6	428	175	108	12	4	118	9	3	3	27	144	27	1,077

2022년 ISAAA에서 발표한 주요 국가의 GMO 품종 재배 현황

양날의 검, GMO

연구 개발에 성공한 GMO 품종은 생체위해성과 환경위해성 검사를 거친 후 승인을 받아야 시장에 유통될 수 있다. 식용·사료용으로 유통될 GMO는 생명체의 건강과 주변 작물의 성장 및 생태계에 영향을 주지 않는다는 점을 확인해야 재배 승인이 이뤄진다. 승인 전에는 엄격히 통제된 장소에서만 시험 재배가 이뤄진다. 지금까지 가장 많이 생산된 GMO 농작물은 제초제와 살충제 저항성을 갖는 품종들이다. 이 품종들은 제초제를 뿌려도 살아남도록 특정 단백질을 생산하는 유전자가 이식되었다. 현재 식품 안전 심사 당국으로부터 수입이 허가된 GMO 품목은 다음 사진과 같이 콩, 옥수수 등이 있다. 그 외에 제조 식품으로 수입하는 원당과 카놀라유, 배합사료 등에도 GMO 작물을 원료로 만든 제품들이 이에 속한다.

미국에서 수입되는 콩과 옥수수는 100% GMO 작물이다. 단순히 수입된 GMO 작물뿐만 아니라, GMO 작물로 만든 식품인 콩기름, 두부, 간장, 된장 그리고 옥수수 사료, 전분, 옥수수기름, 올리고당, 팝콘, 통조림 등도 포함된다. 두부의 가격 차이가 있는 것을 본 적이 있을 것이다. 2천 원에 판매하는 두부는 GMO 콩으로 만들었고, 5천 원짜리 두부는 국산 콩으로 만들었기 때문에 가격에 차이가 있다. 사실상 우리는 알게 모르게 유전자 변형 식품을 이미 먹어 온 셈이다.

유전자 변형 작물과 식품을 둘러싼 유해성 논쟁은 여전히 진행 중이다. 유전자 변형 품종의 유해성 여부를 과학적으로 입증하는 데 오랜 기간이 소요된

국내에 수입이 승인된 대표 GMO 작물

다. 이런 유전자 변형 작물과 식품을 섭취했을 때 인체의 안정성 여부가 확실히 검증되지 않아 해당 부분에 관한 검사, 연구가 계속 진행 중이다. 안전성이 승인된 GMO 작물은 15개 작물 70여 개 품종으로 옥수수 18종, 콩과 면화 각 5종, 감자 4종, 유채 18종, 호박과 카네이션 각 3종, 토마토 7종, 사탕무 2종, 치커리, 면화, 아마, 담배, 벼, 파파야, 밀 각 1종씩이다.

안정성 입증이라는 어려움에도 불구하고 앞으로 농가에 보급되는 GMO 작물의 품종은 훨씬 늘어날 것으로 예상된다. 게다가 현재 재배되는 작물의 유전적 문제를 해결하기 위해 역시 연구가 계속되고 있으며 GMO 시장이 확대됨에 따라 유전적 결함이 자연스럽게 해결될 것으로 보인다. 지금 재배되는 쌀에는 비타민A가 부족한 게 치명적인 단점이다. 쌀을 주식으로 하는 동남아시아권 국가의 어린이들은 비타민A의 부족으로 각기병이나 실명의 위험에 노출된다. 거기다 면역시스템이 망가져 질병에 쉽게 걸리는 등 여러 심각한 문제가 발생한다. 이런 문제를 해결하기 위해 1990년 스위스 연방공대 잉고 포트리쿠스 교수와 독일 프라이부르크대 페터 바이어 교수는 비타민A 성

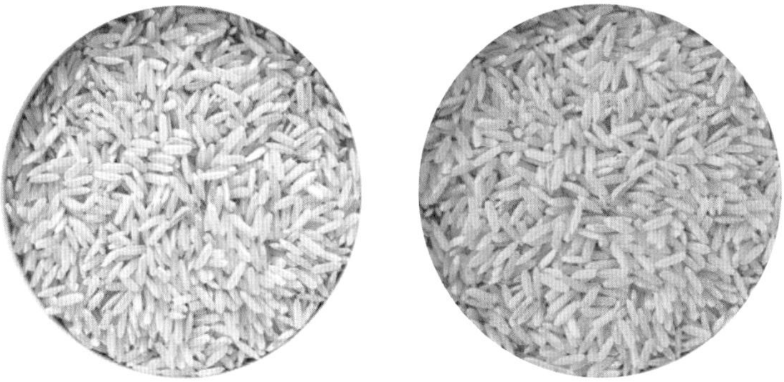

비타민A가 풍부한 황금쌀(오른쪽)

분이 있는 쌀 개발을 시작했다. 연구진들은 옥수수에서 비타민A를 합성하는 유전자를 추출하고 쌀에 삽입해 베타카로틴을 생산하는 GMO 쌀인 황금쌀Golden Rice을 개발했다. 기존 쌀 대신 하루 한 끼 황금쌀로 대신하면 비타민A 필요량의 약 60%가 제공된다. 오랜 연구 끝에 지난 2021년 필리핀 농무부는 세계 최초 유전자 변형 쌀인 황금쌀의 상업 재배를 승인해 황금쌀의 상용화를 기다리는 중이다.

유전자 변형 식품의 발전

GMO를 둘러싼 공방은 1994년 유전자 변형 토마토가 처음 개발된 후 28년 넘게 이어져 왔다. 환경단체를 중심으로 GMO의 인체·환경·사회적 유해성을 우려하는 목소리가 계속되고 있다. GMO의 역사가 짧아 장기간 섭취하게 되면 인체에 어떤 문제가 발생할지 모른다는 우려가 크다. 유전자의 종속 내지는 생물계 간의 이동으로 생태계가 교란된다는 문제와 슈퍼 잡초의 발생, 토종 품종의 멸종으로 생물 다양성 감소 등도 주요 논쟁 대상 중 하나다.

몇몇 GMO 종자 기업들이 특허권을 독점해 종자 가격 상승과 토종 종자의 퇴보가 가속화되고 있다는 지적도 있다. 하지만 현재 식품으로 시판이 허용된 GMO는 독성과 알레르기 반응, 유전자적 안정성, 영양학적 변화, 유전자 이식에 따른 예기치 못한 위해성 등을 과학적으로 검증해 안전이 입증된 제품이라는 게 전문가들의 의견이다.

GM 식품의 안전 문제

GMO 작물은 1980년대 중반 이후 미국에서 시험 재배되었으며 1990년대 중반 이후부터 시장에 출시되기 시작했다. 오늘날 미국에서 재배되는 대부분의 옥수수, 대두 및 면화는 제초제 내성 또는 병해충 저항성 형질로 유전자를 변형한 것이다.

FDA는 미국 내 생산·유통되는 식품과 의약품, 화장품 등의 효능과 안전성을 관리하는 기관으로 FDA의 기준을 충족한 품목들만 시판할 수 있다. 그런 FDA가 1992년 GM 품종의 상품화 정책을 승인했다. 이 정책으로 GM 식품들이 기존의 일반 식품과 실질적으로 동등한 취급을 받게 되었다. 그 결과 1986년 일반 식품 규제를 위해 제정된 '생명공학규제협조체계CFRB'의 규제 대상에 GM 식품도 포함되었다.

일반적으로 GM 식품의 안전 문제는 독성, 유해한 영양 변화, 알레르기성, 수평 유전자 전이 등 네 가지 범주로 분류한다. 독성은 도입된 유전자가 독성이 있거나 유전자공학 과정에서 자연 유전자 조절을 방해하고 천연 독소의 생산을 증가시키는 가능성을 뜻한다. 독성 증가에 대한 안정성 문제 해결책으로 FDA는 스크리닝Screening을 제안한다. 스크리닝은 특정 독소만을 골라내는 과정으로 게놈 기술과 대사체학 분석법을 이용한다. 스크리닝을 통한 독성 안전 검사는 독성 성분의 유무보다 독성 성분의 양을 따져 사람 또는 동물이 섭취할 때의 안정성 여부를 검사하는 것이다.

두 번째 문제인 '유해한 영양 변화'는 주요 영양소가 감소되거나 영양소 섭취를 막는 화합물이 생산됨으로써 음식의 영양 구성이 변화하는 것을 말한다. GMO 작물의 잠재적인 유해 영양 변화는 독성의 안전성 검사와 유사한 방식으로 진행한다. 먼저 GM 식품과 비 GM 식품의 주요 영양소, 항 영양소, 대사산물 및 천연 식물 독소를 서로 비교한다. 그 결과 서로 차이가 없을 때 GM 식품에 도입된 유전자에서 발현되는 특정 단백질을 검사한다. 대두나 유채에서 추출한 식물성 기름의 경우, 최종 GM 식품은 일반적으로 조작된 유전자나 단백질 생산물이 없다.

알레르기 반응은 일반적으로는 무해하지만, 인체에 과민한 면역 반응의 일종이다. BT 옥수수 제품은 동물사료로 FDA가 허가한 품목이지만, 일부 소비자들에게서 알레르기 반응이 있다는 보고가 있었다. 하지만 BT 옥수수와 알레르기의 연관성은 확인되지 않았다. 이 논란으로 FDA에 승인받은 품종이 생산 과정에서 규제를 제대로 준수하지 않는 허점이 드러났다. 또 새로운 GM 식품의 알레르기성을 예측하기 어렵다는 우려가 현실화되었다. 전문가들은 식품의 알레르기성을 정확하게 예측하기 위한 동물 시험 모델 개발을 촉구하고 있다.

다음 표는 유전자 조작으로 개발되었으나, 현재 안전성 심사 단계에 있는 품목들이다.

작물	제품	개량 형질	상업화 검증 국가	상업화 승인 신청 연도
토마토	식품	바이러스 저항성	이탈리아	2021
수수	식품	병 저항성	케냐	2019
벼	식품	내염성	인도	2019
사탕무	식품	내병성	러시아	2019
사과	식품	갈변 지연	미국, 캐나다	2015
강낭콩	식품	바이러스 저항성	브라질	2011
치커리	사료	제초제 내성	미국	1997
유칼립투스	임목	생장 촉진	브라질	2015
아마	아마유	제초제 내성	미국	1999
잔디	사료	제초제 내성	미국	2003
자두	식품	바이러스 저항성	미국	2007
감자	식품	아크릴아마이드 저함유 갈변저감 역병 저항성	미국	2015
		바이러스 저항성	캐나다	1999
			미국	1997
	산업용	전분 개량	미국	2014
파프리카	식품	바이러스 저항성	중국	1998

상업화 승인을 위한 안전검증 단계 GM 작물

유전자 편집 기술을 이용한 GE 작물의 등장

GM은 우리말로 '유전자 조작'으로 해석된다. 유전자 조작의 의미는 자연적인 교배 또는 재결합으로 나타날 수 없는 방식으로 유전자가 변경되었다는 뜻이다. 조작이라는 용어가 부정적인 의미를 갖지만, 위험성과 해로움을 갖고 있다고 볼 수는 없다.

GM 작물의 한계를 극복하고 새롭게 등장한 유전공학 기술이 바로 'GEGene-Edited'다. 앞장에서도 언급한 유전자 가위 크리스퍼 기술을 이용해 유전자를 재조정한 작물들을 'GE 작물'이라고 한다. 말 그대로 다른 유전인자를 넣는 것이 아니라, 유전자에서 필요하지 않은 것을 제거해 특정 형질이 우세하도록 용도에 맞게 만든 것을 의미한다. 유전자 편집 식품으로 표현할 수도 있으나 편집에도 조작의 의미가 있기 때문에 일부 과학자들은 '유전자 재조정'이라는 표현을 쓰기도 한다. GE 작물은 기본적으로 유전자가 조작된 GM 식품과는 차이가 있으며, 안정성을 좀 더 확보했다고 볼 수 있다.

최근 영국 노리치에 있는 한 연구소에서 GE 토마토 개발에 성공했다. 이 토마토는 일반 토마토에 비해 훨씬 더 많은 비타민D를 포함하고 있는 것으로 알려졌다. 하지만 동물세포보다 식물세포의 유전자 편집이 훨씬 까다로워 다양한 작물이 실용화 단계에 진입하기까지 긴 시간이 걸릴 것으로 보인다. 게다가 GE 작물 역시 GM 작물과 비슷한 안정성 문제나 환경 문제를 유발할 가능성을 제기하는 과학자들도 있어 어떤 식으로 발전할지는 관심을 가지고 지켜봐야 할 것이다.

꿀벌이 사라지고 있다

'만약 지구상에서 꿀벌이 사라지면 인간은 고작 4년 더 생존할 수 있을 것이다.' 알베르트 아인슈타인이 남긴 유명한 말이다. 아인슈타인은 왜 그런 말을 했을까? 그 이유는 엄지손톱만 한 꿀벌이 인간의 생존에 지대한 영향을 미치기 때문이다. 세계생물다양성정보기구GBIF의 발표에 따르면 2006년에서 2015년까지 10년간 확인된 벌의 종은 1990년대보다 25%가량 감소했다. 2015년 하버드대 연구팀은 꿀벌 같은 꽃가루 매개 곤충들이 사라지면 전 세계 과일 생산량의 22.9%가 급감하고, 채소 생산량의 16.3%도 감소할 것으로 추정했다. 유엔환경계획UNEP도 꿀벌이 줄면 생태계와 식량 안보에 심각한 문제가 생길 것이라고 경고했다.

꿀벌이 사라지는 원인은 복합적이지만, 개체수 감소에 가장 큰 영향을 미치는 것은 기후 변화다. 급격한 기후 변화에 적응하지 못한 꿀벌이 초겨울과 초봄에 꿀을 채취하러 나가 동사하거나, 체력이 소진되어 집단 폐사하기도 한다. 기생충 유입이나 바이러스 감염에 의한 폐사도 원인으로 지목된다. 혹은 농약에 포함된 살충제를 꿀벌이 섭취하거나 살충제에 내성이 생긴 해충이나 진드기가 꿀벌에 기생하는 것 등을 꿀벌의 폐사 이유로 꼽히기도 한다.

여러 이유 중 꿀벌의 살충제 중독에 주목할 필요가 있다. 꿀벌에 국한되는 문제가 아니라 우리에게 유익한 곤충과 벌레들에게도 해당되는 일이기 때문이다.

살충제는 크게 3가지 종류가 있다. 작물 생육기에 줄기, 잎, 과실 등에 살포해서 해충을 직접 멸살시키는 접촉성 살충제, 식물체 표면에 묻어 있거나 식물체가 흡수한 살충제를 해충이 먹어 해충의 소화기관 내로 들어가 독작용을 보이는 식독제, 토양 해충 멸살용인 토양 처리제가 있다. 이들 외에도 수많은 종류의 살충제가 있다. 이러한 살충제의 부작용에 따른 생태계 파괴가 심각한 실정이다.

꾸준히 늘어나는 해충 저항성 작물

생태계를 파괴하는 살충제를 쓰지 않아도 되는 자체 해충 저항성을 지닌 GMO 작물들이 있다. 현재 GMO 작물을 만드는 데 사용되고 있는 대부분 유전자는 '바실러스 튜링겐시스Bt, Bacillus thuringiensis'라는 Bt 유전자다. Bt는 토양에 서식하는 세균에서 유래한 박테리아의 일종으로 살충 작용을 하는 단백질을 생산한다. 이런 기능을 하는 Bt 박테리아를 유전자에 삽입한 것을 Bt 유전자라고 한다.

Bt 유전자의 일부 균주는 포유류를 포함한 다른 생물에는 독성이 거의 없지만 특정 곤충들에게는 치명적이다. Bt 유전자에 의해 생산된 단백질을 섭취한 곤충은 소화 시스템이 파괴되고 결국 죽게 된다. 특히 나방류인 볼벌레,

콜로라도 감자 딱정벌레, 특정 파리와 모기 살충에 효과적이다. 곤충 저항성 GMO 작물은 여러 종류의 딱정벌레와 나방을 표적으로 삼는다.

Bt가 해충에 미치는 영향은 다음과 같다. Bt는 'Cry 단백질(결정 단백질)'이라는 독소를 생산한다. 해충에 대한 Cry 단백질의 독성은 매우 특이해서 비표적 곤충이나 다른 생명체에겐 전혀 영향을 미치지 않는다. 대신 제한된 수의 특정 해충에 대해서만 독성을 가진다. 이런 Cry 유전자를 선택해 형질 전환을 거쳐 작물의 유전자에 삽입하면, 해충 저항성을 가진 Bt 작물이 된다. Cry 유전자로 게놈을 변형시킨 Bt 작물은 해충의 침범을 막을 수 있는 새로운 종들로 탄생한다. 그에 따라 Bt 작물은 1990년대부터 지금까지 농업 시장을 빠르게 점유해왔다. Bt 작물은 살충제 비용과 농약을 살포하는 노동력을 절감하고, 작물 수확량을 늘려주기 때문에 농가의 선호도가 높은 편이다.

살충제 및 표적 유기체의 유형은 Cry 유전자가 추출되는 토양 세균의 균주에 따라 다양하다. 예를 들어, Bt176은 옥수수에 사용되는데 이 균주는 유럽의 옥수수 벌레의 세포 수용체를 표적으로 한다. 따라서 특정 곤충에 맞게 설계된 다양한 종류의 Bt 작물들이 존재한다. 해충 저항성 GMO 작물은 논란이 계속되고 있음에도 꾸준히 그 숫자가 늘어나고 있다. 지금까지 안전 심사 당국으로부터 허가된 품목은 표와 같다.

작물	제품	국가	연도
면화	섬유 사료 목화기름	미국	1995, 2018
		호주	2003, 2020
		브라질	2005
		중국	1997, 2020
		콜롬비아	2003
		인도	2002, 2020
		멕시코, 남아프리카공화국	1996, 1997
		파키스탄	2010
		파라과이	2007
		수단	2012
		아르헨티나	1998
가지	식품	방글라데시	2013
바나나	식품	호주, 나이지리아	2017
		남아프리카공화국	2021, 2022
수수	작물	케냐	2021
감자	작물	미국	2016
콩	작물	미국	2022
옥수수	사료 옥수수시럽 옥수수전분	미국	1995, 2012
		브라질	2005
		콜롬비아, 우루과이	2003
		멕시코	1996
		파라과이	2007
		필리핀	2002
		남아프리카공화국	1997
		아르헨티나	1998
포플러	산림	중국	1998

해충 저항성 유전자 변형 상업화 작물

여러 유전자가 복합적으로 삽입된 작물

유전자 변형 작물들이 늘어나면서 기술력 또한 자연스럽게 향상되고 있다. 하나 이상의 유전자를 복합적으로 변형시킨 GMO 작물이 탄생하고 있다. 제초제 내성 유전자와 해충 저항성 유전자를 동시에 삽입한 게 대표적인 경우다. 곤충과 제초제 또는, 제초제와 곤충 내성 유전자를 여러 가지로 조합한 새로운 형태가 생긴 것이다. 이런 유전자 변형 작물 중에는 무려 8가지 유전자가 추가된 '스마트스택스Smartstax'라는 GM 옥수수 품종도 있다. 이 옥수수에는 제초제 저항성 유전자 2개, 곤충의 침범을 막는 독성 6개로 총 8가지의 유전자가 삽입되었다. 대부분의 GMO 작물은 곤충의 침범을 막거나 잡초 제거용 제초제에 견디도록 설계되었지만, 일부 작물은 다른 형질을 위해 개발되기도 했다.

1997년 하와이의 파파야 농장은 바이러스의 확산으로 엄청난 경제적 손실이 발생했다. 코넬대학과 하와이대학의 연구원들은 생명공학 기술을 이용해 농가의 문제를 해결했다. 바이러스 유래 외피 단백질 유전자를 파파야에 도입해서 바이러스 저항성 파파야를 개발한 것이다. 그렇게 개발한 GM 파파야가 농장에 도입된 후 4년 만에 파파야 생산량이 정상 수준으로 돌아왔다.

작물뿐 아니라 꽃들에게도 유전적 변형이 이뤄지는데 이런 분야를 GM 화훼로 따로 구분하기도 한다. 그중 붉은 장미는 이전까지 자연에서는 볼 수 없던 색상인 푸른색으로 변형되었다. 유전자 총을 이용해 파란색 꽃이 가진 유전

작물	제품	개량 형질	국가	연도
유채	식용유 마가린	양질 카놀라유	중국	2020
			캐나다	1996
			미국	1994
		피타아제 저감	미국	1998
옥수수	옥수수시럽 전분 사료	라이신 증가	캐나다	2006
			미국	2006, 2019
		가뭄 내성	캐나다	2010
			미국	2011
파파야	식품	바이러스 저항성	중국	2006
			미국	1996
감자	식품	바이러스 저항성	캐나다	1999
			미국	1997
	식품	전분 개량	미국	2014
콩	사료	고함유 올레인산	아르헨티나	2015
			캐나다	2000
			미국	1997
	옥수수기름	스테아리도닌산 저감	미국, 캐나다	2011
호박	식품	바이러스 저항성	미국	1994
사탕수수	식품	내건성	인도네시아	2013
담배	기호성	니코틴 저함량	미국	2002
카네이션	관상용	노화 지연	호주	1995
		꽃 색	노르웨이	1998
			호주	1995
			콜롬비아	2000
			유럽연합	1998
			일본	2004
			말레이시아	2012
			노르웨이	1997
장미	관상용	꽃 색	호주	2009
			콜롬비아	2010
			일본	2008
			미국	2011

두 가지 이상의 유전자 변형이 이뤄진 GM 작물

자인 '블루진'을 뽑아 식물의 세포 속에 넣는 방법을 이용한다. 푸른 장미와 푸른 카네이션이 안정성을 허가받았고 백합, 난, 국화 등은 안정성 검정단계에 있다. 표는 두 가지 이상의 유전자 변형이 이뤄진 GM 작물의 현황이다. 앞으로 더 많은 품목이 안정성 허가를 통해 상업화될 것이다.

내 몸 안의 거울, DNA 이야기

저자 | 이영일

책임 편집 | 김홍미
편집 | 김민주 홍다예 이희진
디자인 | 한송이
마케팅 | 장기봉 이진목 최혜수

인쇄 | 금강인쇄

펴낸이 | 이진희
펴낸곳 | (주)리스컴

초판 1쇄 | 2024년 5월 7일
초판 2쇄 | 2024년 7월 1일

주소 | 서울시 강남구 테헤란로87길 22, 7151호(삼성동, 한국도심공항)
전화번호 | 대표번호 02-540-5192
편집부 02-544-5194
FAX | 0504-479-4222
등록번호 | 제2-3348

ISBN 979-11-5616-322-0 03470
책값은 뒤표지에 있습니다.